液态催化剂和反应物在纳米材料生长中的作用

王 彬 著

本书数字资源

北 京
冶金工业出版社
2022

内 容 提 要

本书的内容涵盖了纳米材料（以石墨烯和 ZnO 为例）的结构、性质、应用和表征介绍，利用液态催化剂/反应物制备二维/超薄纳米材料的研究进展以及利用液态催化剂/反应物制备超薄过渡金属氧化物/碳化物的实验过程和结果等内容。本书通过文献综述和实验分析两种途径，旨在向读者展现液态催化剂和反应物在制备二维/超薄纳米材料中的作用。

本书面对的读者大致可以分为两类：第一类是从事二维/超薄纳米材料研究的相关科研人员，本书可以为其提供目前关于纳米材料制备和应用的一个全面的、具体的内容回顾，使其能够快速地掌握纳米材料的研究现状；第二类是材料或材料化学学科的教育工作者或兴趣爱好者，本书可以作为该领域课程的一部分，也可以作为一本相关的科普读物。

图书在版编目(CIP)数据

液态催化剂和反应物在纳米材料生长中的作用/王彬著.—北京：冶金工业出版社，2022.9

ISBN 978-7-5024-9279-3

Ⅰ.①液… Ⅱ.①王… Ⅲ.①金属催化剂—作用—纳米材料—研究 Ⅳ.①TB383

中国版本图书馆 CIP 数据核字(2022)第 174702 号

液态催化剂和反应物在纳米材料生长中的作用

出版发行	冶金工业出版社		电　　话	(010)64027926
地　　址	北京市东城区嵩祝院北巷39号		邮　　编	100009
网　　址	www.mip1953.com		电子信箱	service@mip1953.com

责任编辑　于昕蕾　美术编辑　彭子赫　版式设计　郑小利
责任校对　石　静　责任印制　李玉山
三河市双峰印刷装订有限公司印刷
2022年9月第1版，2022年9月第1次印刷
710mm×1000mm 1/16；9.25印张；179千字；137页
定价 58.00 元

投稿电话　(010)64027932　投稿信箱　tougao@cnmip.com.cn
营销中心电话　(010)64044283
冶金工业出版社天猫旗舰店　yjgycbs.tmall.com
(本书如有印装质量问题，本社营销中心负责退换)

前　言

　　纳米材料是指结构单元在三维空间中至少有一维尺度达到纳米级别（1~100nm）的材料。随着材料的尺寸降低到纳米级别，其表面电子结构会发生很大的变化，会产生量子尺寸效应、限域效应、表面效应、宏观量子隧道效应等现象。纳米材料因其独特的物理和化学性质，在电学、声学、光学、磁学、催化科学等领域具有广阔的应用前景。随着材料科学领域的快速发展，新型纳米材料的可控合成，包括材料的元素构成、尺寸、形貌、排布等因素，成为材料和相关交叉学科较为前沿的研究热点。

　　石墨烯是一种二维纳米材料，它是碳原子以六元环形式周期性排列形成的蜂窝状的晶格结构，具有非常大的电子迁移率、良好的弹道运输特性和化学稳定性、高的热传导性能、高的透光率以及优异的疏水性。石墨烯的首次获得是由 A. K. Geim 和他的团队利用机械剥离法从石墨上获得的，他们的研究获得了世界范围的关注，也由于这个工作他们获得了 2010 年的诺贝尔物理学奖。过渡金属基纳米材料是一类结合了陶瓷和金属性质的材料，一方面，它们坚固且坚硬，具有很高的熔点，高温下具有良好的稳定性和耐腐蚀性。另一方面，它们具有优异的催化活性，可与许多反应中常用的贵金属相媲美。例如，许多过渡金属碳化物（TMC），包括 Mo_2C 和 W_2C 等都表现出优异的催化活性；而过渡金属氧化物（TMO）中金属三氧化物（WO_3 和 MoO_3）在众多电致变色反应材料中，具有最佳的光学调制性能、易加工性和环境稳定性。大量研究表明过渡金属基材料的物理化学性质与其晶相、尺寸与形貌等因素密切相关。

纳米材料的制备方法包括物理合成法和化学合成法。其中，化学合成法具有易操作、高效率、低成本的优点。化学合成的纳米材料根据维数可分为三类：(1) 零维纳米材料，其在空间三维尺度均处于纳米级别，如富勒烯等；(2) 一维纳米材料，其在空间两维尺度处于纳米级别，如纳米线、纳米管、纳米带等；(3) 二维纳米材料，其在空间一维尺度处于纳米级别，如石墨烯薄膜、h-BN 等。与其他制备纳米材料的化学合成法相比，利用化学气相沉积（CVD）法以过渡族金属为催化剂制备大面积可转移的二维/超薄纳米材料有着明显的优势。常规的利用 CVD 制备纳米材料的主要过程包括：高温下，气相前驱体在固体金属催化剂（SMCat）上的解离和吸附、纳米材料的成核和生长。大量的实验证实，SMCat 通常含有晶体缺陷、晶界和不同程度的表面粗糙度，这些因素会使生长的纳米材料产生严重的缺陷，例如，利用 SMCat 制备的 CVD 石墨烯薄膜本身为多晶结构，这导致石墨烯基电子器件的性能与理想值差距很大，石墨烯晶体管的性能并没超过传统的单晶高迁移率的半导体材料（例如Ⅲ-Ⅴ族化合物半导体）。通过引入液态金属催化剂（LMCat）来替代 SMCat，许多固态催化剂的缺陷明显不存在于熔体中，因此促进了低缺陷密度纳米材料的合成。此外，利用部分非金属液态催化剂同样可以有效地实现纳米材料的生长。

另外，利用 CVD 法在各种衬底上制备二维/超薄纳米材料的研究为探索低维情况下材料基本的物理和化学性质提供了更多的途径以及实际器件应用的方案。然而，利用 CVD 法制备的二维/超薄纳米材料在形态、结构、层数和组分上仍然具有一定的局限性。这是因为传统的 CVD 法通常涉及类似的微观机制，即固态前驱体以蒸气形式到达目标衬底，然后通过表面吸附、表面扩散和成键形成固态产物。由于很难控制前驱体的分布和浓度，导致生长的纳米材料缺陷较多，质量较差。因此，设计更有效的生长方法对提高纳米材料的质量，扩大纳米材料的应用范围至关重要。利用液态反应物的气-液-固（VLS）生长模式已经被证明能够有效地对纳米材料的生长进行横向控制，目前已经报道了包括 Mo_2C、WC、MoS_2 和 MoN 等纳米材料的 VLS 合成，证明了采用非挥发性的碱性钼酸盐（例如 Na_2MoO_4，$Na_2Mo_2O_7$）或钨酸盐（例如 Na_2WO_4）代替传统的固态反应物制备过渡金属基纳米材料具有明显的优势，因为这些液态反应物具有极低的蒸气压和熔点，容易与固态衬底形成液固界面，有益于二维/超薄纳米材料的生长。

本书主要包括三部分内容，第一部分内容以石墨烯和 ZnO 为例，介绍了这两种纳米材料的结构、制备方法和常用的表征手段；第二部分内容介绍了液态催化剂在制备纳米材料中的作用；第三部分内容介绍液态反应物在制备纳米材料中的作用。在第二和第三部分内容中，作者首先介绍了利用液态催化剂/反应物制备石墨烯、h-BN、过渡金属硫化物（TMD）、过渡金属碳化物以及异质结等方面的研究进展，然后结合作者自身的实验内容，阐述了利用液态金属催化剂/反应物制备 TMO 和 TMC 的实验过程和相关结果。全书共分为 5 章：第 1 章绪论，以石墨烯和 ZnO 为例，介绍了这两种纳米材料的结构、制备方法和相关应用；第 2 章介绍了纳米材料常用表征手段的原理和一些表征结果；第 3 章重点介绍了液态催化剂对制备二维/超薄纳米材料的作用，首先介绍了相关的研究进展，然后详细介绍了利用液态催化剂制备 TMO 和 TMC 的实验过程和结果；第 4 章详细介绍了利用液态反应物制备 Mo_2C 微米花的实验过程，重点研究了液态反应物的浓度和生长温度对纳米材料生长的影响；第 5 章重点介绍了液态反应物对制备二维/超薄纳米材料的作用，首先介绍了相关的研究进展，然后详细介绍了利用液态反应物制备 Mo_2C 超薄单晶纳米片的实验过程和结果。

本书在编写过程中参考了大量的著作和文献资料，可能没有全部列出，在此，向工作在相关领域最前端的优秀科研人员致以诚挚的谢意，感谢你们对材料科学发展做出的巨大贡献。

随着纳米材料制备技术的不断发展，本书在编写过程中可能存在不足之处，同时，书中的研究方法和研究结论也有待更新和更正。由于编者知识面、水平以及掌握的资料有限，书中难免有不当之处，欢迎各位读者批评指正。

作　者

2022 年 7 月

目　录

1　绪论 ··· 1
  1.1　纳米材料 ·· 1
  1.2　石墨烯的结构、制备和应用 ·· 2
    1.2.1　石墨烯的晶体结构 ·· 3
    1.2.2　石墨烯的电子结构 ·· 4
    1.2.3　石墨烯的制备方法 ·· 5
    1.2.4　石墨烯的应用 ·· 10
  1.3　ZnO 的结构、制备和应用 ·· 16
    1.3.1　ZnO 的结构 ·· 16
    1.3.2　ZnO 的制备方法 ·· 18
    1.3.3　ZnO 的应用 ·· 20
  参考文献 ·· 22

2　纳米材料的表征技术 ··· 31
  2.1　X 射线衍射 ·· 31
  2.2　霍尔效应测试 ·· 32
  2.3　原子力显微镜 ·· 33
  2.4　扫描电子显微镜 ·· 35
  2.5　X 射线光电子能谱 ·· 37
  2.6　光学显微镜 ·· 38
  2.7　透射电子显微镜 ·· 39
  2.8　拉曼光谱仪 ·· 41
  2.9　光荧光测试 ·· 42
  参考文献 ·· 43

3　液态催化剂制备二维纳米材料 ··· 45
  3.1　引言 ·· 45

3.2 液态催化剂制备二维材料的研究现状 ·················· 45
3.2.1 液态催化剂制备石墨烯 ·················· 45
3.2.2 液态金属催化剂制备 h-BN ·················· 58
3.2.3 液态金属催化剂制备过渡金属硫化物 ·················· 59
3.2.4 液态 Cu 催化剂制备超薄 Mo_2C 纳米晶体的超导现象研究 ·················· 61
3.2.5 液态金属催化剂制备异质结 ·················· 66
3.3 液态金属催化剂制备过渡金属氧化物 ·················· 73
3.3.1 实验方案 ·················· 73
3.3.2 金属在衬底上的团聚现象 ·················· 74
3.3.3 Mo 在 Cu 或 Au 中的扩散 ·················· 75
3.3.4 液态金属表面制备 MoO_x ·················· 75
3.3.5 液态 Cu 表面制备 WO_3 ·················· 78
3.4 合金限域生长 MoO_x ·················· 79
3.4.1 合金/Al_2O_3 限域生长 MoO_x ·················· 79
3.4.2 合金/YSZ 限域生长 MoO_x ·················· 84
3.5 合金/Al_2O_3 限域生长 Mo_2C ·················· 88
3.6 本章小结 ·················· 90
参考文献 ·················· 91

4 VLS 机制可控制备 Mo_2C 微米花 ·················· 98
4.1 引言 ·················· 98
4.2 实验机理 ·················· 98
4.3 VLS-Mo_2C 的相关表征 ·················· 99
4.4 Na_2MoO_4 水溶液浓度对 VLS-Mo_2C 的影响 ·················· 101
4.5 生长温度对 VLS-Mo_2C 的影响 ·················· 102
4.6 VLS-Mo_2C 与 VSS-Mo_2C 的 HER 性能比较 ·················· 103
4.7 本章小结 ·················· 104
参考文献 ·················· 105

5 VLS 机制制备超薄单晶 Mo_2C 纳米片 ·················· 108
5.1 引言 ·················· 108
5.2 VLS 机制制备二维材料的研究现状 ·················· 109
5.2.1 VLS 模式制备 MoS_2 ·················· 109

- 5.2.2 VLS 模式制备 WS_2 ……………………………………… 112
- 5.2.3 VLS 模式制备 MoN ……………………………………… 115
- 5.3 研究内容 ………………………………………………………… 117
  - 5.3.1 衬底的处理 ………………………………………………… 118
  - 5.3.2 退火时间对 Mo_2C 生长的影响 …………………………… 119
  - 5.3.3 Na_2MoO_4 水溶液浓度对 Mo_2C 生长的影响 …………… 121
  - 5.3.4 生长温度的影响 …………………………………………… 122
  - 5.3.5 Mo_2C 纳米片的相关测试分析 …………………………… 124
  - 5.3.6 Na^+ 和液固界面在 Mo_2C 生长中的作用 ……………… 127
  - 5.3.7 OH^- 对 Mo_2C 生长的影响 ……………………………… 131
- 5.4 本章小结 ………………………………………………………… 135
- 参考文献 ……………………………………………………………… 135

1 绪 论

1.1 纳米材料

纳米材料是指结构单元在三维空间中至少有一维尺度达到纳米级别（1~100nm）的材料。纳米材料具有独特的物理和化学性质，在电学、声学、光学、催化科学等领域具有广阔的应用前景[1]。随着材料科学领域的迅猛发展，新型纳米材料的可控合成，包括材料的元素构成、尺寸、形貌等因素，成为材料和相关交叉学科较为前沿的研究热点[2-5]。

随着材料的尺寸降低到纳米级别，其物理和化学性质会发生很大的变化。例如，单层石墨烯虽然只有一个原子的厚度[6]，但是其具有相当好的机械强度[7]（弹簧力常数为1~5N/m，弹性模量大约是0.5TPa[8-9]）；石墨烯具有良好的导电性和导热性[10]，其电子迁移率在室温下约为$2\times10^5 cm^2/(V \cdot s)$[11-13]，而电阻率只有约$10^{-6}\Omega \cdot cm$，导热系数高达$5kW/(m \cdot K)$[14]；石墨烯的比表面积高达$2630m^2/g$[15]。单层石墨烯的晶体结构中，导带与价带恰好相交于狄拉克（Dirac）点，因此，单层石墨烯被定义为半金属，通过掺杂，石墨烯可以形成 n 型[16]或者 p[17]型的半导体。另外，石墨烯具有特殊的透水隔气性能，绝大部分液体和气体都无法通过石墨烯薄膜逸出来，唯有水蒸气能够透过去[18]。在纳米催化领域，催化剂粒子的原子排布、晶面间距、粒子的形貌和尺寸等因素对催化剂的催化性能也具有重要的影响[19-20]。例如，催化剂尺寸的改变，能够引起其表面结构和电子性质等方面的变化，进而影响催化性能[1]。M. Valden 等人[21]报道了 TiO_2 负载的 Au 纳米粒子在催化 CO 氧化过程中的催化活性与 Au 纳米粒子的尺寸密切相关，当 Au 纳米粒子的尺寸为 3nm 时，其具有最高的 CO 氧化催化活性。X. P. Xu 等人[22]报道了 SiO_2 纳米片负载的 Pd 纳米粒子在催化 NO 分解过程中，产物的选择性与 Pd 纳米粒子的尺寸密切相关：当 Pd 纳米粒子的粒径从 25nm 降低到 5.5nm 时，NO 分解的产物从 N_2O、N_2 和 O_2 变成了 N_2 和 O_2，没有了 N_2O 产物。

纳米材料的制备方法包括物理合成法和化学合成法。其中，化学合成法具有易操作、高效率、低成本的优点。化学合成的纳米材料根据维数可分为三类[1]：（1）零维纳米材料，其在空间三维尺度均处于纳米级别，如富勒烯[23]等；（2）一维纳米材料，其在空间两维尺度处于纳米级别，如纳米线[24]、纳米管[25]、纳米带[26-27]等；（3）二维纳米材料，其在空间一维尺度处于纳米级别，如石墨烯薄膜[28]、h-BN[29]等。与其他制备纳米材料的化学合成法相比，利用CVD法以过渡族金属为催化剂制备大面积可转移的二维/超薄纳米材料有着明显的优势。

大量研究表明纳米材料的物理、化学性质与其晶相、尺寸、形貌等因素密切相关。因此，纳米材料的可控合成成为材料领域的研究热点之一。下面以石墨烯和ZnO为例，介绍这两种纳米材料的结构、制备方法及应用。

1.2 石墨烯的结构、制备和应用

早在20世纪30年代，物理学家R. E. Peierls和L. D. Landau就提出严格的二维晶体材料在热力学上是不稳定的，在常温常压下会迅速分解[30-31]。1966年，N. D. Mermin和H. Wagner提出的Mermin-Wagner理论指出长的波长起伏也会使长程有序的二维晶体受到破坏[32]，所以作为三维材料的组成部分[33]，石墨烯一直作为理论模型来描述其他碳基材料的特性，如图1-1所示。关于石墨烯能否独立稳定的存在，科学界一直存在争论，许多科学家[34-35]试图通过各种办法获得石墨

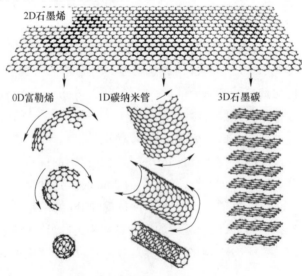

图1-1 石墨烯和其他碳材料的关系

烯，结果都不太理想。直至 2004 年，英国曼彻斯特大学的科学家 A. K. Geim 和 K. S. Novoselov 所领导的团队利用胶带法得到了稳定的石墨烯，并且在 Science 杂志上发表了第一篇关于石墨烯的论文[36]，这个惊人的结果在科学界引起了巨大的轰动，他们也因此获得了诺贝尔奖。

1.2.1 石墨烯的晶体结构

石墨烯和石墨、金刚石、碳纳米管、富勒烯一样也是 C 的一种同素异形体。C 原子以六元环形式周期性排列形成蜂窝状的石墨烯晶格结构，如图 1-2（a）所示[37]。石墨烯的 C 原子之间的连接十分柔韧，在受到外力作用时，C 原子平面发生弯曲形变，使 C 原子不必重新排列来适应外力，从而保证了自身结构的稳定性。

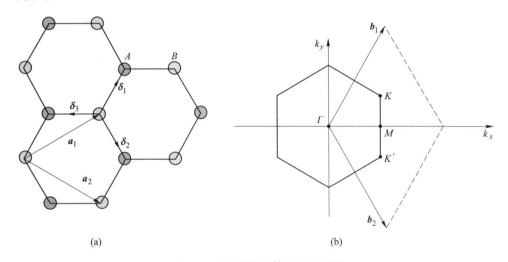

图 1-2 石墨烯的晶体结构示意图
(a) 石墨烯的二维晶格结构示意图；(b) 石墨烯布里渊区示意图

石墨烯中每个 C 原子与其他三个近邻 C 原子以共价键结合，C—C 键长约为 0.142nm，具有 120°的键角，石墨烯的布拉格点阵呈三角形，具有点阵矢量：

$$\boldsymbol{a}_1 = \frac{a}{2}(3, \sqrt{3}), \boldsymbol{a}_2 = \frac{a}{2}(3, -\sqrt{3}) \tag{1-1}$$

蜂窝晶格中每个基本单元（原胞）包含两个原子。它们属于两个子晶格 A 和 B，子晶格 A 中的每个原子被子晶格 B 中的三个原子包围，反之亦然。晶格矢量为：

$$\boldsymbol{\delta}_1 = \frac{a}{2}(1,\sqrt{3}), \boldsymbol{\delta}_2 = \frac{a}{2}(1,-\sqrt{3}), \boldsymbol{\delta}_3 = a(-1,0) \quad (1\text{-}2)$$

其倒格子也呈三角形，倒格矢为：

$$\boldsymbol{b}_1 = \frac{2\pi}{3a}(1,\sqrt{3}), \boldsymbol{b}_2 = \frac{2\pi}{3a}(1,-\sqrt{3}) \quad (1\text{-}3)$$

石墨烯的布里渊区如图 1-2（b）所示，对称点 K，K' 和 M 的波向量为：

$$\boldsymbol{K} = \left(\frac{2\pi}{3a}, \frac{2\pi}{3\sqrt{3}a}\right), \boldsymbol{K} = \left(\frac{2\pi}{3a}, -\frac{2\pi}{3\sqrt{3}a}\right), \boldsymbol{M} = \left(\frac{2\pi}{3a}, 0\right) \quad (1\text{-}4)$$

1.2.2　石墨烯的电子结构

图 1-3 为石墨烯的能带结构示意图。sp^2 杂化态（σ 态）形成了具有巨大带隙的满带和空带，而 π 态则形成了单个的能带，在布里渊区的 K 点中具有锥形自交叉点。

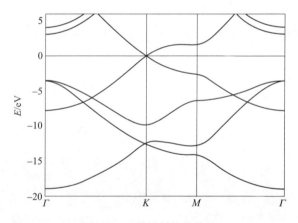

图 1-3　石墨烯的能带结构

这个自交叉点是石墨烯特有的电子结构特征和其独特电子特性的起源，它是在 1947 由 P. R. Wallace[38] 利用紧束缚模型计算获得的，如图 1-4 所示。

图 1-4 中费米面（$E=0$）处于布里渊区的 Dirac 点[39]处，费米面能级上方的电子态对应于 π^* 态，而费米面能级下方的能带则对应 π 轨道的成键态，所以石墨烯为零带隙的半金属。

根据边缘碳链的形状石墨烯可以分为 Armchair Edge 型和 Zigzag Edge 型。图 1-5 为石墨烯纳米带（GNRs）的结构示意图。通常，Armchair Edge 型和 Zigzag Edge 型的 GNR 具有不同的电子输运特性，Armchair Edge 型的 GNR 可能表现为半导体或金属，而 Zigzag Edge 型的 GNR 通常显示金属特性。

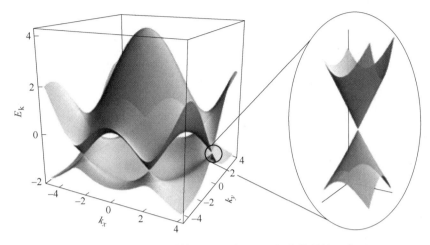

图 1-4　紧束缚模型计算得到的单层石墨烯能带结构示意图

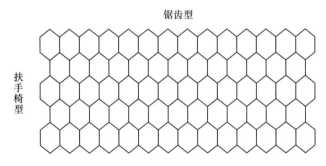

图 1-5　石墨烯纳米带边缘结构示意图

1.2.3　石墨烯的制备方法

1.2.3.1　胶带法和微机械剥离法

2004 年，英国曼彻斯特大学的 A. K. Geim 与 K. S. Novoselov 小组[36]将一小片石墨粘在胶带上，对折胶带再撕开胶带，将石墨片分为两半，如此反复进行数次，得到越来越薄的石墨碎片，最后留下一些只有一个原子层厚的石墨烯碎片，经过测试，他们发现石墨烯在室温下具有独特的晶体结构和良好的化学稳定性。2005 年，美国哥伦比亚大学的 P. Kim 与 Y. B. Zhang[40]团队利用微机械剥离法，从高定向热解石墨（HOPG）中分离出石墨烯。其原理是石墨的层与层之间是以微弱的范德华力结合的，施加外力便可以从石墨上撕出更薄的石墨层片，反复进行就可以撕出石墨烯。图1-6为微机械剥离法得到的石墨烯的OM图像和AFM图像。

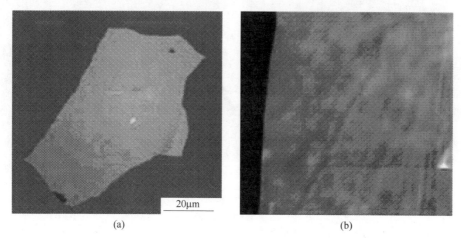

图1-6 微机械剥离法得到的石墨烯
(a) 在 SiO_2 上的OM图像；(b) 石墨烯边缘的AFM图像

利用这种方法获得的石墨烯尺寸可以达到 $100\mu m$ 左右[41]，并且很容易观察到量子霍尔效应。这种方法过程简单，但产量低，层数和尺寸都不易控制，所以仅适合实验室研究，无法应用于工业生产。另外，淬火法[42]和静电沉积法[43]也属于微机械剥离法。

1.2.3.2 SiC热蒸发法

这种方法是加州理工学院的W. A. De Heer团队[44-45]所提出的制作方法。由于单晶SiC从（0001）面看，会呈现C原子层与Si原子层交替的晶体结构，将单晶SiC置于压强小于 10^{-9} Torr（1Torr = 133.322Pa）的超高真空下加热到 1300~1900℃，当表面的Si原子层蒸发后，留下的C原子重新排列形成石墨烯，如图1-7所示。C. Berger等通过对单晶SiC进行超高真空加热，在SiC（0001）面上也制备出了石墨烯薄膜[46]。

这种制备方法获得的石墨烯具有较好的电学性质，例如IBM利用这种石墨烯制作的FET的截止频率高达100GHz[47]。但是，这种石墨烯由于残留的Si—C键，很难被转移到其他衬底。有研究团队[48]通过类似胶带法将石墨烯从SiC基底上转移到其他衬底，但是效果并不好。因为SiC化学性质相当稳定，利用湿化学刻蚀法将这种石墨烯转移到其他衬底也相当困难，而且这种方法需要相当高的真空度和极高的温度，另外单晶SiC价格昂贵，因此这种方法也不利于制备大面积石墨烯薄膜。

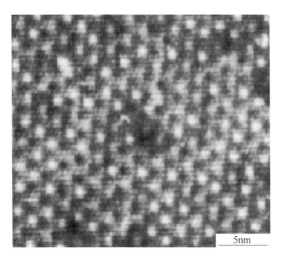

图 1-7　利用 SiC 热蒸发法制备的石墨烯的 STM 图像

1.2.3.3　氧化石墨还原法

图 1-8 是 D. Li 等人报道的氧化石墨还原法的原理图[49]。这种方法是先将石墨经过氧化处理后，使其边缘或基面引入 C═O、C—OH、—COOH 等官能团形成氧化石墨，减弱了石墨层间的范德华力，增强了石墨的亲水性，然后将氧化石墨分散在溶剂中，之后再通过破坏层与层之间的作用力，得到氧化石墨烯。先氧化成氧化石墨烯的好处在于，其结构和石墨烯类似，同样都是准二维的平面结构[50]，但却可以通过适当的化学液相还原、电化学还原或高温退火等办法，将氧化石墨烯上的含氧官能团去掉，还原成石墨烯，甚至可直接分散在不同溶剂中[51-53]。利用此法还原得到的石墨烯单片大小约为数微米。

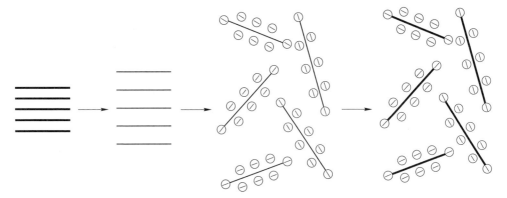

图 1-8　氧化石墨还原法的原理图

这种方法成本低，也比较容易实现，但制备的石墨烯为各种层数的混合物，并且含氧官能团很难被彻底去除，使得石墨烯的缺陷较多，各项性能较差。

1.2.3.4 过渡金属表面析出法

1970 年，J. T. Grant 与 T. W. Haas 将 Ru 高温退火后，发现在 Ru 表面会出现石墨烯薄膜[54]。2007 年，Gao 团队[55]与 J. Wintterlin 团队[56]都发表了使用类似方法制备石墨烯的成果。他们分析这些石墨烯是来自吸附在 Ru 金属内部间隙的 C 杂质在高温退火下析出金属表面的结果。

1.2.3.5 碳纳米管解理法

D. V. Kosynkin 和 L. Y. Jiao 的研究小组在 Nature 杂志上各自发表了碳纳米管解理法制备石墨烯纳米带的文章[57-58]。如图 1-9 所示，碳纳米管通过高锰酸钾和硫酸氧化处理或者通过等离子刻蚀处理，其表面的 C—C 键被打断，形成石墨烯纳米带。

1.2.3.6 化学气相沉积法

最早使用 CVD 法在过渡金属表面合成单晶石墨的实验是 1966 年由美国约翰霍普金斯大学的 A. E. Karu[59]小组进行的。他们将 Ni 箔置于 CH_4 气氛中加热到 900 °C 以上并且维持一段时间，在 Ni 的催化作用下 CH_4 发生脱 H 反应，得到的 C 原子在 Ni 金属表面形成几十纳米厚的石墨薄膜。2004 年，A. K. Gein 团队利用胶带法得到单层石墨烯并且测量出石墨烯优异的物理性质后，石墨烯的研究才开始受到大家的重视。CVD 法是制备碳纳米管的主要方法之一，而石墨烯和碳纳米管都是 C 的 sp^2 杂化结构，使得这种方法也开始应用于制备石墨烯[60]。

CVD 法制备石墨烯的反应装置的主体为加热炉和石英管。衬底托置于石英管的中间，目前报道过的衬底主要有 Mo[61-62]、Co[63]、Cu[64-66]、Ru[67]、Ni[68]、Ir[69]、Pd[70]、Pt[71]和 Au[72]等金属，也有 h-BN[73]、Si_3N_4[74]、SiO_2[75]等非金属衬底，甚至不锈钢[76]材料。反应气体中的 C 源一般为烃类气体，如 CH_4[77]、C_2H_4、C_2H_2 等，也有小组选用其他 C 源，如 P. R. Somani 等人[78]在 Ni 衬底上热解樟脑制备石墨烯，Dato 等人[79]用乙醇液滴作为 C 碳源制备石墨烯。外加 Ar 和 H_2 作为载气和催化气体。CVD 法制备石墨烯的基本原理是将衬底置于 C 源气体中加热并且保持恒温一段时间，C 源气体进行脱 H 反应而将 C 原子还原出来，还原出的 C 原子在衬底上沉积、成键，逐渐形成石墨烯薄膜。

利用 CVD 方法在 Ni 和 Cu 金属上制备石墨烯的生长机理被研究得最为透

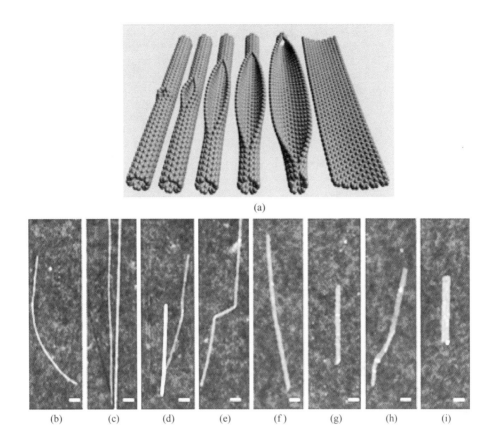

图1-9 碳纳米管解理法制备石墨烯

(a) 碳纳米管解理法模拟图;(b)~(i) 碳纳米管解理得到石墨烯纳米带过程的 AFM 图像(标尺为100nm)

彻[80]。但是,CVD法制备的石墨烯通常为多晶结构,具有大量的晶界,降低了石墨烯薄膜的电学性能[81],并且,在过渡族金属上生长的石墨烯薄膜在转移到其他衬底的过程中,产生的缺陷和引入的杂质也会对石墨烯薄膜的性能造成一定影响。石墨烯主要生产方法和预见的应用见表1-1。

表1-1 石墨烯主要生产方法和预见的应用[82]

方法	晶粒尺寸/μm	样品尺寸/mm	迁移率 $\mu/cm^2 \cdot (V \cdot s)^{-1}$	应用
机械微应力技术	1000	1	2×10^5 10^6 ($T=4K$) 2×10^4 (室温)	基础研究

续表 1-1

方法	晶粒尺寸/μm	样品尺寸/mm	迁移率 $\mu/cm^2 \cdot (V \cdot s)^{-1}$	应用
石墨液相剥离法	0.01~1	0.1~1（重叠的薄片）	100（对于一层重叠的薄片，室温）	墨水、涂料、颜料、电池、超级电容器、太阳能电池、燃料电池、复合材料、传感器、光电子、柔性电子器件、柔性光电器件、生物应用
氧化石墨烯液相剥离法	>1	>1（重叠的薄片）	1（对于一层重叠的薄片，室温）	墨水、涂料、颜料、电池、超级电容器、太阳能电池、燃料电池、复合材料、传感器、光电子、柔性电子器件、柔性光电器件、生物应用
SiC 基板生长	100	100	6×10^6（$T=4K$）	射频晶体管、其他电子器件
CVD	50000	1000	6.5×10^4（$T=1.7K$）3×10^4（室温）	光电子、传感器、生物应用、柔性电子器件

1.2.4 石墨烯的应用

由于石墨烯具有诸多优异的性质，使得其应用前景十分广阔[83-99]。无论是在超高速（大于 1THz）信息处理的高端应用方面或者在利用其高透光性和柔性电子结构的应用方面，石墨烯已经显示出巨大的影响力。现在，越来越多的芯片制造商活跃在石墨烯的研究领域，这也从侧面证明了石墨烯巨大的应用前景。石墨烯被视为后硅电子时代的候选材料之一，图 1-10 和表 1-2[82] 展示了一些石墨烯基电子器件可预期的应用和时间。

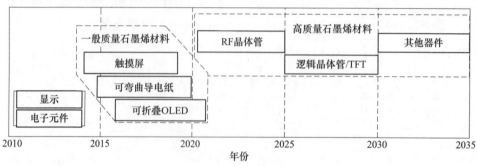

图 1-10 石墨烯基电子器件的应用时间表

表 1-2 推动石墨烯用于不同电子应用的驱动因素以及目前石墨烯技术要解决的问题

年份	应用	驱动因素	待解决问题
2016	触感屏幕	与其他材料相比石墨烯呈现出更好的耐久性	需要更好地控制接触电阻
2017	电子纸张	单层石墨烯高的透光率	需要更好地控制接触电阻
2018	可折叠OLED	（1）石墨烯良好的电学性能和可弯曲性；（2）由于石墨烯功函数可调性效率得到提高	（1）需要提高 R_s 值；（2）需要控制接触电阻；（3）需要完整的三维结构
2021	射频晶体管	在 2021 年之后没有 InP 高电子迁移晶体管	（1）需要实现饱和电流；（2）需要实现截止频率 f_T = 850GHz，最大振荡频率 f_{max} = 1200GHz
2025	逻辑晶体管	迁移率（μ）高	（1）新结构；（2）需要解决带隙问题/迁移率 μ 值的权衡问题；（3）需要开关比率大于 10^6

1.2.4.1 数字非易失性存储器

非易失性存储器是遵循摩尔定律的最复杂和最先进的半导体器件，尺寸一般小于 20nm。现有技术的非易失性存储器由浮栅闪存单元组成，通过对嵌入在金属氧化物场效应晶体管（MOSFET）的栅极和半导体沟道之间的附加浮栅进行充电/放电来存储信息。

互补金属氧化物半导体（CMOS）技术的飞速发展对非易失性存储器的可靠性具有负面影响。相邻单元之间的寄生电容随着 CMOS 尺寸的缩小而增加，并且产生了一个串扰信号。横向面积的减小导致了栅极耦合的减少，从而导致更高的工作电压。更大数量的阵列单元导致感应电流的减小并且增加了存取时间。由于这些原因，必须尽快寻找合适的替代材料，包括在非易失性存储器中使用石墨烯材料，如图 1-11 所示，石墨烯用于导电 FET 通道[100-101]和位线（黑色），控制栅极[102]和字线（棕色）以及浮动栅极。另外，需要研究并评估石墨烯基非易失性存储器重要的优点，并正确推断保持时间。与逻辑门类似，非易失性存储器也需要足够大的 I_{ON}/I_{OFF}（大于 10^4），以使存储器状态能够明确地进行转换。

石墨烯数字电子器件发展的时间轴如图 1-12 所示[82]，石墨烯基非易失性存储器进一步发展还需要 10~15 年时间。

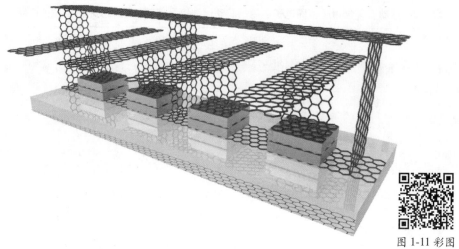

图 1-11 石墨烯基非易失性存储器示意图

1.2.4.2 石墨烯环振荡器

石墨烯环振荡器（GRO）是串联的石墨烯逆变器的延伸。环路中的每个逆变器必须相同，电压增益的绝对值$|A_v|>1$且输入/输出信号相互匹配。每个逆变器中的两个 FET 还必须具有非常低的导通电阻，以便能够快速地对下一级的栅极电容进行充电/放电，以便进行高频操作。由于振荡频率f_o是实际场景中延迟的直接度量，因此环振荡器（RO）是评估数字逻辑系列的最终限制和时钟速率的标准测试平台。这是因为实际的电子电路是由其他电子电路驱动和加载的，也就是 RO 中存在的电子电路。如图 1-13 所示，RO 完全集成在 CVD 石墨烯上[103]。

1.2.4.3 基于分层材料的器件

使用二维材料对于实现基于浮栅晶体管结构的存储器件非常有利。这种类型器件的运行是以检测在浮栅上是否捕获到电荷而引起阈值电压偏移为基础的，器件尺寸的减少受到存储在浮栅上的电荷电量的限制。在这些器件中使用单层MoS_2或其他二维半导体作为导电通道可以提高对外部电荷的灵敏度，并且可以实现进一步的缩放。基于单层 MoS_2 和石墨烯作为关键组成元素的存储器如图 1-14 所示[104]。石墨烯在此起到欧姆接触的作用，允许有效的电荷载流子注入MoS_2，而多层石墨烯用作浮动栅极。使用二维触点代替较厚的金属膜是有益的，它允许使用二维材料的器件和电路采用较便宜的制造技术。

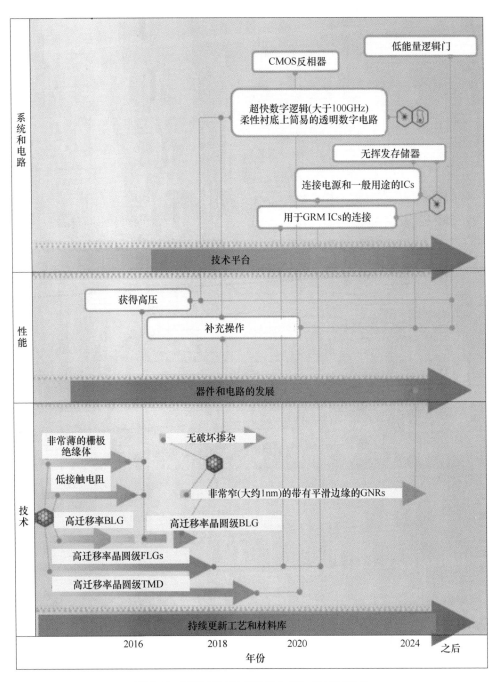

图 1-12 石墨烯材料"数字电子"发展时间表

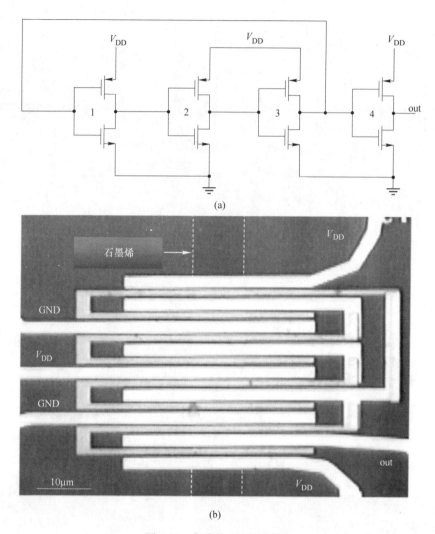

图 1-13 集成的 GRO 电路图

1.2.4.4 透明电极

理论和实验结果表明,理想单层石墨烯的透光率高达 97.7%[105-106]。图 1-15 为石墨烯透光率理论值和实验值的比较图(白圈为实际测量值,插图为不同层数的石墨烯对应的透光率),两者基本一致。

目前已经商业化的透明导电薄膜材料是氧化铟锡(ITO),由于 In 元素在地球上的含量有限,价格昂贵,并且 ITO 薄膜易碎、不耐酸碱,使它的应用受到限制。石墨烯具有良好的透光率,使它成为制造透明导电薄膜的首选材料[107],用

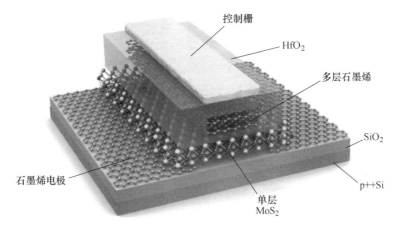

图 1-14　MoS$_2$/石墨烯异质结构存储器示意图

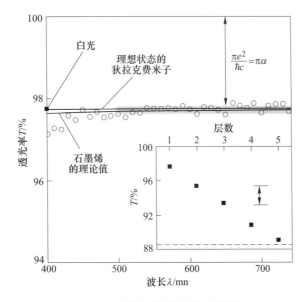

图 1-15　单层石墨烯透光率谱图

以取代现今广泛使用的 ITO 和掺 F 氧化锡（FTO）等传统薄膜材料。

利用石墨烯制作成透明导电薄膜并将其应用于液晶显示器、触摸面板和太阳能电池成为人们研究的热点。2010 年，三星公布其利用 CVD 法在 Cu 表面上成功制备出 30in（1in＝2.54cm）的石墨烯薄膜[108]，并且利用 Roll-to-Roll 的方法将其转移至耐高温聚酯薄膜（PET）上，并应用在触摸屏上，如图 1-16 所示。

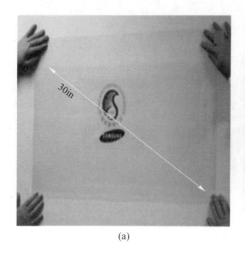

(a) (b)

图 1-16 Roll-to-Roll 的方法制备的石墨烯薄膜
(a) 转移至 PET 膜的 30in 超大石墨烯薄膜；(b) 基于石墨烯材料的触摸面板

1.3 ZnO 的结构、制备和应用

ZnO 是一种新型的宽禁带半导体材料，室温下其禁带宽度为 3.37eV，激子束缚能高达 60meV，在室温下可以产生很强的光致激子紫外发射，非常适于制备室温或更高温度下低阈值、高效率受激发射器件。ZnO 具有高的热稳定性和化学稳定性，其制备方法简单，成本低廉。ZnO 被认为是一种最有可能取代 GaN 的半导体材料。1996 年的第 23 届半导体物理年会上科学家们首次报道了能够产生紫外受激发射的 ZnO 纳米结构薄膜[109-110]。

1.3.1 ZnO 的结构

稳定的 ZnO 一般具有六角纤锌矿结构，空间群为 C_{6v}^4 = P6$_3$mc。对于六角纤锌矿结构的 ZnO，晶格常数 a = 0.3249nm，c = 0.52056nm，c/a = 1.602[111]，配位数为 4∶4。如图 1-17 所示，晶胞中以 Zn 原子为中心与周围最近的四个 O 原子构成一个 Zn-O$_4^{6-}$ 负离子配位四面体。同理，以 O 原子为中心与周围最近的四个 Zn 原子也构成一个 O-Zn$_4^{6+}$ 正离子配位四面体。纤锌矿结构的 ZnO 是由一系列的 O 原子层和 Zn 原子层构成的双原子层堆积起来的。从（001）方向看，由于 ZnO 按照 AaBbAaBb 式排列，导致其具有一个 O 极化面用（001̄）面表示，和一个 Zn 极化面用（001）面表示，实验表明 ZnO（001）面的表面自由能最低，在平衡状态下是光滑面,因此 ZnO 具有强烈的(001)面择优取向生长的特性,称为 c 轴择优取向性。

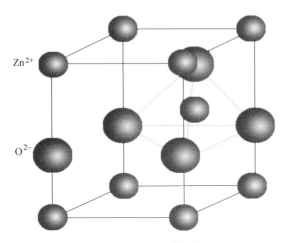

图 1-17 ZnO 的晶体结构图

ZnO 的价带由于晶体势场和自旋轨道相互作用而劈裂成三个态 A、B 和 C[112]。其中,z 方向与 c 轴平行。因此在价带极大和导带极小附近,等能面都是以 c 轴为主轴的椭球面[113],如图 1-18 所示。

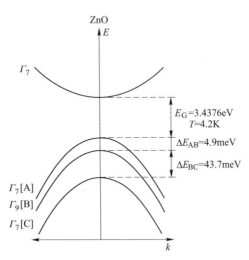

图 1-18 ZnO 能带结构图

ZnO 是 Ⅱ-Ⅵ 族直接带隙宽禁带半导体材料,纤锌矿结构的 ZnO 在 0K 时的禁带宽度约为 3.44eV,室温下的禁带宽度是 3.37eV[114],具有较大的激子束缚能(60meV),比室温热离化能(26meV)大很多,所以室温下 ZnO 中可以存在大量的激子，而激子散射所诱导的激射阈值比依靠电子-空穴等离子体复合形成的激射阈值要低，可以实现紫外的受激发射，发射波长大约为368nm[115]。

1.3.2 ZnO 的制备方法

1.3.2.1 磁控溅射

磁控溅射技术是在普通直流（射频）溅射技术的基础上发展起来的。为了提高成膜速率和降低工作气压，在靶材的背面加上了磁场，这就是最初的磁控溅射技术。磁控溅射法的基本原理：向真空室内通入惰性气体（通常使用Ar）和反应气体，阴极极区产生的磁场与交变电场垂直，大量电子被约束在溅射靶表面附近，在既与电场垂直又与磁场垂直的方向上做回旋运动，其轨迹是一圆滚线，形成无终端的闭合轨迹，增加了电子和带电粒子以及气体分子相撞的概率，提高了气体的离化率，降低了工作气压，同时，由于电子被约束在靶表面附近，不会达到阴极，从而减小了电子对基片的轰击，降低了由于电子轰击而引起基片温度的升高。通过射频放电产生低温等离子体，等离子体中的离子在电场的作用下加速成高能离子，这些高能离子轰击阴极靶材，将靶材上的物质以分子和分子团的形式溅射出来沉积到基片上形成薄膜。图1-19为溅射率与入射离子能量之间的关系。

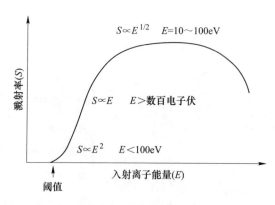

图 1-19 溅射率与入射离子能量之间的关系

1.3.2.2 金属有机物化学气相沉积

金属有机物化学气相沉积（MOCVD）又称为金属有机化合物气相外延（MOVPE）。是20世纪60年代末发展起来的一种新型半导体薄膜生长技术，它是利用金属有机化合物作为合成物中金属前驱体的一种气相沉积技术。生长时通过载气把金属有机化合物（如二乙基锌或二甲基锌）和其他气源（如 O_2）携带到反应室中，混合气体流经过加热的衬底表面时会发生热分解反应，最终在衬底表面形成反应产物。MOCVD 生长系统一般包括：(1) 气体处理系统；(2) 计算机控制系统；(3) 加热系统；(4) 尾气处理系统；(5) 安全保护及报警系统；(6) 进行高温反应和形成淀积的反应室。

与其他沉积技术相比，MOCVD 技术有着如下优点：(1) 可以精确控制薄膜组分、掺杂浓度和厚度等参数。(2) 可以迅速改变多元化合物的组分和掺杂浓度。(3) 生长的薄膜均匀性较好，适合工业生产。MOCVD 设备的不足之处在于其设备昂贵，很多参数需要精确控制；物质源材料不易获得；有时需要利用 H_2 作为载气，容易爆炸；MOCVD 在生长过程中常伴随有化学反应发生，需要较高的基片温度，这对于电子器件的制备很不利。

1.3.2.3 激光脉冲沉积

激光脉冲沉积技术简称为 PLD，是 20 世纪 80 年代后期，当脉冲宽度为几纳秒到几十纳秒、瞬时功率可达吉瓦级的准分子激光器出现后，才发展起来的一种制备高质量薄膜的真空物理沉积方法[116]。图 1-20 为脉冲激光沉积设备示意图。

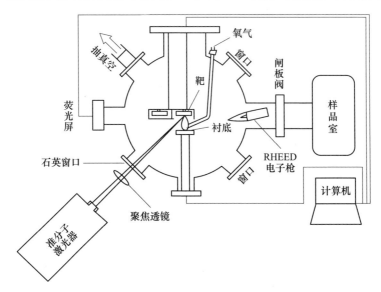

图 1-20 脉冲激光沉积设备示意图

激光脉冲沉积技术的原理是在真空室内（一般可达到 10^{-5} Pa）利用脉冲激光束通过真空室窗口照射高纯度的靶材，加热并使其蒸发，蒸发物气化膨胀后遇冷沉积在衬底上或与通入真空室的气源或气源的等离子体进行反应最后沉积到衬底上。PLD方法的反应基本上包括三个过程：（1）靶材蒸发离化阶段；（2）气化物质与光波继续作用，等离子化的过程；（3）薄膜在衬底表面的成核与生长。

1.3.3 ZnO 的应用

ZnO薄膜具有良好的结构、电学和光学性质。这些优异的性质使ZnO具有广泛的用途，如制备短波长光电器件、紫外光探测器、透明电极、场效应晶体管等。

1.3.3.1 ZnO 基发光器件

近年来，短波长激光器成为半导体激光器研究的一个热点，其中，GaN系列短波长激光器已经走向实用化，但是GaN的制备设备昂贵，而且缺少合适的衬底材料，薄膜生长难度也较大。ZnO由于具有和GaN相似的晶格结构，而且对衬底没有苛刻的要求，很容易成膜，所以ZnO有可能成为GaN的替代材料。ZnO是一种具有六方结构的自激活宽禁带半导体材料，激子束缚能高达60meV，比室温离化能（26meV）大很多，这一特性使其具备了室温下短波长发光的有利条件。此外，室温下ZnO的禁带宽度为3.37eV，通过在ZnO中掺入Mg和Cd，能够得到可调节的禁带宽度（2.8~4.2eV）[117]，覆盖了从可见光到紫外光的光谱波段，同时，ZnO是直接带隙半导体，能以带间直接跃迁的方式获得高效率的辐射复合，有望开发出绿光、紫光、蓝光等多种发光器件。

本征ZnO的荧光光谱中通常有一个位于450~650nm范围内的可见发光带，对于本征ZnO薄膜发射绿光的解释已提出了多种模型。大多数研究者认为绿光与O空位有关[118-119]，也有不少研究者认为绿光与Zn填隙有关[120]。此外，最近几年有些人提出与上述解释相反的观点，认为绿光来自导带底到O位错缺陷能级之间的跃迁[121]。S. H. Bae等人[122]利用PLD法在蓝宝石衬底上制得的ZnO薄膜具有宽带绿-黄色光发光性质。

1.3.3.2 紫外探测器

光电探测过程实质上就是光信号转变为电信号的过程，根据光电探测的机理可将光电探测器分为光电导型和光伏特型。ZnO在紫外区具有高光电导特性，与其他宽带隙材料相比，ZnO的化学和热稳定性好、生长温度较低，成膜性强，这些优点使ZnO非常适于制备高性能的紫外探测器[123]。而光泵浦紫外受激辐射的获得更是大大拓宽了ZnO薄膜在该领域的应用。早期的研究表明，ZnO的瞬态光电导包括快速和慢速两个过程[124]：表面态氧俘获非平衡空穴产生电子-空穴对的过程及氧吸收和解吸过程，后者起主要作用，尤其是在慢速瞬态光电导中更是如此[125]。

紫外探测器广泛应用于环保、科研、军事、太空等领域。1986 年，H. Fabricius 等人[126]制备出了上升时间和下降时间分别为 $20\mu s$ 和 $30\mu s$ 的 ZnO 光探测器。2001 年 S. Liang 等人[127]制作出以 n 型 ZnO 外延膜为基底的肖特基紫外探测器。2003 年浙江大学的叶志镇小组[128]在 Si 衬底上制备出具有高度 c 轴择优取向的 ZnO 薄膜，并利用剥离技术和平面磁控溅射法沉积叉指电极，这种光探测器在波长为 340~400nm 光的照射下，出现了明显的光响应特性，截止波长为 370nm。2005 年电子科技大学的邓宏小组[129]采用溶胶-凝胶法在 Si(111) 衬底上沉积了 c 轴取向的 ZnO 薄膜，并制备出 Au-ZnO-Au 结构的紫外光电导探测器。用单色的 350nm 光照射时，光生电流为 $58.05\mu A$（偏压为 6V）。

1.3.3.3 透明电极

透明导电薄膜由于在可见光区透明并且电阻率很低，被广泛应用于多种光电器件，如太阳能电池透明电极、平面液晶显示器等领域。目前应用最广泛的透明导电薄膜是 In_2O_3：Sn(ITO)，但是 ITO 薄膜的成本比较高。由于 ZnO 薄膜带隙很宽，在 $0.4~2\mu m$ 波长范围内的透光率很高，且原料丰富，成本也较低，易于大规模生产；通过掺杂 Al、In 等元素可得到电导率很高的 ZnO 薄膜，因而 ZnO 是用作透明电极的良好材料。J. Hu 等人[130]利用常压 MOCVD 技术得到 Al 掺杂的 ZnO 薄膜，电阻率为 $3\times10^{-4}\Omega\cdot cm$，透光率达到 85%。

1.3.3.4 压电器件

早在 1966 年 ZnO 薄膜就由于具有压电性质而被应用于表面声波器件中[131]。之后 ZnO 又应用在频谱分析器、超声换能器、高频滤波器等声波器件中。1999 年日本村田公司在蓝宝石衬底上外延 ZnO 薄膜制备出 1.5GHz 的射频滤波器[132]，并且 2GHz 的产品已经开始开发。近来，刘彦松等人[133]用 PLD 法制备出了电阻率高达 $10^7\Omega\cdot cm$ 的 ZnO 薄膜，完全可以满足射频器件的需要。N. K. Zayer 等人[134]研究表明，利用射频磁控溅射法在 200℃ 的 Si 衬底上沉积的 c 轴取向的 ZnO 薄膜具有较好的压电性能，其在 0.9GHz 附近的高频区表现出很好的电声转换效应特性。H. Nakahata 等人[135]利用 SiO_2/ZnO/Diamond 多层薄膜复合结构制备的滤波器工作频率高达 2.5GHz。随着大容量数字传输和通信信息传输需要的增加，表面声波器件对传输频率的要求也越来越高（大于 1GHz 的传输频率），由于 ZnO 具有很好的高频特性，使其成为制备高频表面声波器件的首选材料。

1.3.3.5 场效应晶体管

与 III-V 族氮化物和 II-VI 族硒化物相比，ZnO 具有很高的化学稳定性和热稳定性，在大气中不易被氧化，是一种极有希望用于高温电子器件及大功率发光器件的材料。

R. L. Hoffman 等人[136]首先报道了一种用 ZnO 制作的薄膜场效应管，也称作薄膜晶体管，引人注意的是这个晶体管是一种全透明电子器件。他们用原子层沉积技术在玻璃衬底上交替生长 Al_2O_3 和 TiO_2(ATO) 薄膜作为绝缘层，ZnO 层和源漏电极用离子溅射方法沉积，在沉积源漏电极前用掩膜板遮挡 ZnO 层以形成沟道。在氧气气氛下对该结构进行快速退火处理，来增加源漏电极和有源层的接触性能。制作出的透明 ZnO 薄膜晶体管在可见光范围的透光率达到了 75%。

2003 年 5 月，*Science*[137]报道了利用反应固相外延技术沉积单晶透明氧化物 $InGaO_3(ZnO)_5$ 作为导电沟道层，在 YAZ 衬底上制作出透明的场效应晶体管，其开关电流比约为 106，场效应迁移率高达 $80 cm^2/(V·s)$，并采用高介电材料 HfO_2 作为绝缘层，大大提高了器件的性能。

参 考 文 献

[1] 李忠诚. 氧化钼、氮化钼、碳化钼纳米带的合成及其催化性能 [D]. 大连：大连化学物理研究所，2014.

[2] Whitesides G M, Mathias J P, Seto C T. Molecular self-assembly and nanochemistry: a chemical strategy for the synthesis of nanostructures [J]. Science, 1991, 254 (5036): 1312-1319.

[3] Patzke G R, Krumeich F, Nesper R. Oxidic nanotubes and nanorods-anisotropic modules for a future nanotechnology [J]. Angew. Chem. Int. Edit., 2002, 41 (14): 2446-2461.

[4] Xia Y N, Yang P D, Sun Y G, et al. One-dimensional nanostructures: synthesis, characterization, and applications [J]. Adv. Mater., 2003, 15 (5): 353-389.

[5] Wang X, Li Y D. Monodisperse nanocrystals: general synthesis, assembly, and their applications [J]. Chem. Commun., 2007, 28 (28): 2901-2910.

[6] Silvano L, Rosanna L, Paolo L, et al. Transfer-free electrical insulation of epitaxial graphene from its metal substrate [J]. Nano Lett., 2012, 12 (9): 4503-4507.

[7] Wang Y, Yang R, Shi Z, et al. Super-elastic graphene ripples for flexible strain sensors [J]. ACS Nano, 2011, 5 (5): 3645-3650.

[8] Lee C, Wei X, Kysar J W, et al. Measurement of the elastic properties and intrinsic strength of monolayer graphene [J]. Science, 2008, 321 (5887): 385-388.

[9] Frank I W, Tanenbaum D M, VanderZande A M, et al. Mechanical properties of suspended graphene sheets [J]. JVSTB, 2007, 25 (6): 2558-2561.

[10] Rao C N R, Biswas K, Subrahmanyam K S, et al. Graphene, the new nanocarbon [J]. J. Mater. Chem., 2009, 19: 2457-2469.

[11] Novoselov K S, Geim A K, Morozov S V, et al. Two-dimensional gas of massless dirac fermions in graphene [J]. Nature, 2005, 438 (7065): 197-200.

[12] Li X, Zhang G Y, Bai X D, et al. Highly conducting graphene sheets and langmuir blodgett films [J]. Nat. Nanotechnol., 2008, 3 (9): 538-542.

[13] Avouris P, Chen Z, Perebeinos V. Carbon-based electronics [J]. Nat. Nanotechnol., 2007, 2 (10): 605-613.

[14] Balandin A A, Ghosh S, Bao W, et al. Superior thermal conductivity of single-layer graphene [J]. Nano Lett., 2008, 8 (3): 902-907.

[15] Stoller M D, Park S, Zhu Y, et al. Graphene-based ultracapacitors [J]. Nano Lett., 2008, 8 (10): 3498-3502.

[16] Wei D, Liu Y, Wang Y, et al. Synthesis of N-doped graphene by chemical vapor deposition and its electrical properties [J]. Nano Lett., 2009, 9 (5): 1752-1758.

[17] Wu X, Pei Y, Zeng X C. B2C graphene, nanotubes, and nanoribbons [J]. Nano Lett., 2009, 9 (4): 1577-1582.

[18] Nair R R, Wu H A, Jayaram P N, et al. Unimpeded permeation of water through helium-leak-tight graphene-based membranes [J]. Science, 2012, 335 (6067): 442-444.

[19] Xie X W, Li Y, Liu Z Q, et al. Low-temperature oxidation of CO catalysed by Co_3O_4 nanorods [J]. Nature, 2009, 458 (7239): 746-749.

[20] Schmidt E, Vargas A, Mallat T, et al. Shape-selective enantioselective hydrogenation on Pt nanoparticles [J]. J. Am. Chem. Soc., 2009, 131 (34): 12358-12367.

[21] Valden M, Lai X, Goodman D W. Onset of catalytic activity of gold clusters on titania with the appearance of nonmetallic properties [J]. Science, 1998, 281 (5383): 1647-1650.

[22] Xu X P, Goodman D W. The effect of particle size on nitric oxide decomposition and reaction with carbon monoxide on palladium catalysts [J]. Catal. Lett., 1994, 24: 31-35.

[23] Kroto H W, Heath J R, O'Brien S C, et al. C60: buckminsterfullerene [J]. Nature, 1985, 318: 162-163.

[24] Li S Y, Lee C Y, Tseng T Y. Copper-catalyzed ZnO nanowires on silicon (100) grown byvapor-liquid-solid process [J]. J. Crystal Growth, 2003, 247: 357-362.

[25] Iijima S. Helical microtubules of graphitic carbon [J]. Nature, 1991, 354: 56-58.

[26] Kosynkin D V, Higginbotham A L, Sinitskii A, et al. Longitudinal unzipping of carbon

nanotubes to form graphene nanoribbons [J]. Nature, 2009, 458 (7240): 872-876.

[27] Jiao L, Zhang L, Wang X, et al. Narrow graphene nanoribbons from carbon nanotubes [J]. Nature, 2009, 458 (7240): 877-880.

[28] Li X, Cai W, An J, et al. Large-area synthesis of high-quality and uniform graphene films on copper foils [J]. Science, 2009, 324 (5932): 1312-1314.

[29] Ci L, Song L, Jin C, et al. Atomic layers of hybridized boron nitride and graphene domains [J]. Nat. Mater., 2010, 9 (5): 430-435.

[30] Peierls R E. Quelques proprietes typiques des corpses solides [J]. Ann. I. H. Poincare, 1935, 5: 177-222.

[31] Landau L D. Zur theorie der phasenumwandlungen II [J]. Phys. Z. Sowjetunion, 1937, 11: 26-35.

[32] Mermin N D. Crystalline order in two dimensions [J]. Phys. Rev., 1968, 176: 250-254.

[33] Geim A K, Novoselov K S. The rise of graphene [J]. Nat. Mater., 2007, 6 (3): 183-191.

[34] Lu X K, Yu M F, Huang H, et al. Tailoring graphite with the goal of achieving single sheets [J]. Nanotechnology, 1999, 10: 269-272.

[35] Zhang Y, Small J P, Pontius W V, et al. Fabrication and electric-field-dependent transport measurements of mesoscopic graphite devices [J]. Appl. Phys. Lett., 2005, 86: 073103-073104.

[36] Novoselov K S, Geim A K, Morozov S V, et al. Electric field effect in atomically thin carbon films [J]. Science, 2004, 306 (5696): 666-669.

[37] Castro Neto A H, Guinea F, Peres N M R, et al. The electronic properties of graphene [J]. Reviews of Modern Physics, 2009, 81: 109-113.

[38] Wallace P R. The band theory of graphite [J]. Phys. Rev., 1947, 71: 622-634.

[39] Novoselov K S, Geim A K, Morozov S V, et al. Two-dimensional gas of massless Dirac fermions in graphene [J]. Nature, 2005, 438 (7065): 197-200.

[40] Zhang Y B, Small J P, Pontius W V, et al. Fabrication and electric-field-dependent transport measurements of mesoscopic graphite devices [J]. Appl. Phys. Lett., 2005, 86: 073104.

[41] Novoselov K S, Jiang D, Schedin F, et al. Two-dimensional atomic crystals [J]. PNAS, 2005, 102: 10451-10453.

[42] Tang Y B, Lee C S, Chen Z H, et al. High-quality graphenes via a facile quenching method for field-effect transistors [J]. Nano Lett., 2009, 9 (4): 1374-1377.

[43] Sidorov A N, Yazdanpanah M M, Jalilian R, et al. Electrostatic deposition of graphene [J]. Nanotechnology, 2007, 18: 135301.

[44] De Heer W A, Berger C, Wu X, et al. Epitaxial graphene [J]. Solid State Commun., 2007, 143: 92-100.

[45] Berger C, Song Z, Li X, et al. Electronic confinement and coherence in patterned epitaxial

graphene [J]. Science, 2006, 312 (5777): 1191-1196.

[46] Berger C, Song Z, Li T, et al. Ultrathin epitaxial graphite: 2D electron gas properties and a route toward graphene-based nanoelectronics [J]. J. Phys. Chem. B, 2004, 108: 19912-19916.

[47] Lin Y M, Dimitrakopoulos C, Jenkins K A, et al. 100-GHz transistors from wafer-scale epitaxial graphene [J]. Science, 2010, 327 (5966): 662.

[48] Lee D S, Riedl C, Krauss B, et al. Raman spectra of epitaxial graphene on SiC and of epitaxial graphene transferred to SiO_2 [J]. Nano Lett., 2008, 8 (12): 4320-4325.

[49] Li D, Muller M B, Gilje S, et al. Processable aqueous dispersions of graphene nanosheets [J]. Nat. Nano, 2008, 3 (2): 101-105.

[50] Xu C, Wu X, Zhu J, et al. Synthesis of amphiphilic graphene oxide [J]. Carbon, 2008, 46: 386-389.

[51] Eda G, Fanchini G, Chhowalla M. Large-area ultrathin film of reduced graphene oxide as a transparent and flexible electronic material [J]. Nat. Nano, 2008, 3 (5): 270-274.

[52] Si Y, Samulski E T. Synthesis of water soluble graphene [J]. Nano Lett., 2008, 8 (6): 1679-1682.

[53] Tung V C, Allen M J, Yang Y, et al. High-throughput solution processing of large-scale graphene [J]. Nat. Nano, 2009, 4 (1): 25-29.

[54] Grant J T, Haas T W. A study of Ru (0001) and Rh (111) surfaces using LEED and auger electron spectroscopy [J]. Surf. Sci., 1970, 21: 76-85.

[55] Pan Y, Shi D X, Sun J T, et al. Highly ordered, millimeter-scale, continuous, single-crystalline graphene monolayer formed on Ru (0001) [J]. Adv. Mater., 2009, 21: 2777-2780.

[56] Marchini S, Gunther S, Wintterlin J. Scanning tunneling microscopy of graphene on Ru (0001) [J]. Phys. Rev. B, 2007, 76: 075429.

[57] Kosynkin D V, Higginbotham A L, Sinitskii A, et al. Longitudinal unzipping of carbon nanotubes to form graphene nanoribbons [J]. Nature, 2009, 458 (7240): 872-876.

[58] Jiao L Y, Zhang L, Wang X, et al. Narrow graphene nanoribbons from carbon nanotubes [J]. Nature, 2009, 458 (7240): 877-880.

[59] Karu A E, Beer M. Pyrolytic formation of highly crystalline graphite films [J]. J. Appl. Phys., 1966, 37: 2179-2181.

[60] Park S, Rouff R S. Chemical methods for the production of graphenes [J]. Nat. Nano, 2009, 4 (4): 217-224.

[61] Wang B, Zhang Y H, Chen Z Y, et al. High quality graphene grown on single-crystal Mo (110) thin films [J]. Mater. Lett., 2013, 93: 165-168.

[62] Wu Y W, Yu G H, Wang H M, et al. Synthesis of large-area graphene on molybdenum foils by

chemical vapor deposition [J]. Carbon, 2012, 50: 5226-5231.

[63] Varykhalov A, Rader O. Graphene grown on Co (0001) films and islands: electronic structure and its precise magnetization dependence [J]. Phys. Rev. B, 2009, 80: 035437.

[64] Li X, Magnuson C W, Venugopal A, et al. Large-area graphene single crystals grown by low-pressure chemical vapor deposition of methane on copper [J]. J. Am. Chem. Soc., 2011, 133 (9): 2816-2819.

[65] Tao L, Lee J, Chou H, et al. Synthesis of high quality monolayer graphene at reduced temperature on hydrogen-enriched evaporated copper (111) films [J]. ACS Nano, 2012, 6 (3): 2319-2325.

[66] Gao L, Ren W, Zhao J, et al. Efficient growth of high-quality graphene films on Cu foils by ambient pressure chemical vapor deposition [J]. Appl. Phys. Lett., 2010, 97: 183109.

[67] Sutter P W, Flege J I, Sutter E A. Epitaxial graphene on ruthenium [J]. Nat. Mater., 2008, 7 (5): 406-411.

[68] Usachov D, Dobrotvorskii A M, Varykhalov A, et al. Experimental and theoretical study of the morphology of commensurate and incommensurate graphene layers on Ni single-crystal surfaces [J]. Phys. Rev. B, 2008, 78: 085403.

[69] Coraux J, N'Diaye A T, Busse C, et al. Structural coherency of graphene on Ir (111) [J]. Nano Lett., 2008, 8 (2): 565-570.

[70] Kwon S Y, Ciobanu C V, Petrova V, et al. Growth of semiconducting graphene on palladium [J]. Nano Lett., 2009, 9 (12): 3985-3990.

[71] Gao L, Ren W, Xu H, et al. Repeated growth and bubbling transfer of graphene with millimetre-size single-crystal grains using platinum [J]. Nat. Commun., 2012, 3: 699.

[72] Oznuluer T, Pince E, Polat E O, et al. Synthesis of graphene on gold [J]. Appl. Phys. Lett., 2011, 98: 183101.

[73] Ding X, Ding G, Xie X, et al. Direct growth of few layer graphene on hexagonal boron nitride by chemical vapor deposition [J]. Carbon, 2011, 49: 2522-2525.

[74] Sun J, Lindvall N, Cole M T, et al. Large-area uniform graphene-like thin films grown by chemical vapor deposition directly on silicon nitride [J]. Appl. Phys. Lett., 2011, 98: 252107.

[75] Kato T, Hatakeyama R. Direct growth of doping-density-controlled hexagonal graphene on SiO_2 substrate by rapid-heating plasma CVD [J]. ACS nano, 2012, 6 (10): 8508-8515.

[76] John R, Ashokreddy A, Vijayan C, et al. Single- and few-layer graphene growth on stainless steel substrates by direct thermal chemical vapor deposition [J]. Nanotechnology, 2011, 22 (16): 165701-165707.

[77] Reina A, Jia X T, Ho J, et al. Large area, few-layer graphene films on arbitrary substrates by chemical vapor deposition [J]. Nano Lett., 2009, 9 (1): 30-35.

[78] Somani P R, Somani S P, Umeno M. Planer nano-graphenes from camphor by CVD [J]. Chem. Phys. Lett., 2006, 430: 56-59.

[79] Dato A, Radmilovic V, Lee Z, et al. Substrate-free gas-phase synthesis of graphene sheets [J]. Nano Lett., 2008, 8 (7): 2012-2016.

[80] Lee S, Lee K, Zhong Z, Wafer scale homogeneous bilayer graphene films by chemical vapor deposition [J]. Nano Lett., 2010, 10 (11): 4702-4707.

[81] Song H S, Li S L, Miyazaki H, et al. Origin of the relatively low transport mobility of graphene grown through chemical vapor deposition [J]. Sci. Rep., 2012, 2: 337.

[82] Ferrari A C, Bonaccorso F, Falko V, et al. Science and technology roadmap for graphene, related two-dimensional crystals, and hybrid systems [J]. nanoscale, 2015, 7 (11): 4598-810.

[83] Lee Y, Bae S, Jang H, et al. Wafer-scale synthesis and transfer of graphene films [J]. Nano Lett., 2010, 10 (2): 490-493.

[84] Blake P, Brimicombe P D, Nair R R, et al. Graphene-based liquid crystal device [J]. Nano Lett., 2008, 8 (6): 1704-1708.

[85] Wang H H, Liu B Z, Wang L, et al. Graphene glass inducing multidomain orientations in cholesteric liquid crystal devices toward wide viewing angles [J]. ACS Nano, 2018, 12, 6443-6451.

[86] Bolotin K I, Sikes K J, Jiang Z, et al. Ultrahigh electron mobility in suspended graphene [J]. Solid State Commun., 2008, 146: 351-355.

[87] Kim K S, Zhao Y, Jang H, et al. Large-scale pattern growth of graphene films for stretchable transparent electrodes [J]. Nature, 2009, 457 (7230): 706-710.

[88] Liu S, Guo X F. Carbon nanomaterials field-effect-transistor-based biosensors [J]. NPG Asia Mater., 2012, 4: 23.

[89] Bolotin K I, Ghahari F, Shulman M D, et al. Observation of the fractional quantum hall effect in graphene [J]. Nature, 2009, 462 (7270): 196-199.

[90] Cohen-Karni T, Qing Q, Li Q, et al. Graphene and nanowire transistors for cellular interfaces and electrical recording [J]. Nano Lett., 2010, 10 (3): 1098-1102.

[91] Heersche H B, Jarillo-Herrero P, Oostinga J B, et al. Bipolar supercurrent in graphene [J]. Nature, 2007, 446 (7131): 56-59.

[92] Lin Y M, Dimitrakopoulos C, Jenkins K A, et al. 100-GHz transistors from wafer-scale epitaxial graphene [J]. Science, 2010, 327 (5966): 662.

[93] Dimitrakakis G K, Tylianakis E, Froudakis G E. Pillared graphene: a new 3D network nanostructure for enhanced hydrogen storage [J]. Nano Lett., 2008, 8 (10): 3166-3170.

[94] Wehling T O, Novoselov K S, Morozov S V, et al. Molecular doping of graphene [J]. Nano Lett., 2007, 8 (1): 173-177.

[95] Schedin F, Geim A K, Morozov S V, et al. Detection of individual gas molecules adsorbed on graphene [J]. Nat. Mater., 2007, 6 (9): 652-655.

[96] Lu G H, Ocola L E, Chen J H. Gas detection using low-temperature reduced graphene oxide sheets [J]. Appl. Phys. Lett., 2009, 94: 083111.

[97] Stankovich S, Dikin D A, Dommett G H B, et al. Graphene-based composite materials [J]. Nature, 2006, 442: 282-286.

[98] Ramanathan T, Abdala A A, Stankovich S, et al. Functionalized graphene sheets for polymer nanocomposites [J]. Nat. Nano, 2008, 3 (6): 327-331.

[99] Rafiee M A, Lu W, Thomas A V, et al. Graphene nanoribbon composites [J]. ACS Nano, 2010, 4 (12): 7415-7420.

[100] Stützel E U, Burghard M, Kern K, et al. A graphene nanoribbon memory cell [J]. Small, 2010, 6 (24): 2822-2825.

[101] Zhan N, Olmedo M, Wang G, et al. Layer-by-layer synthesis of large-area graphene films by thermal cracker enhanced gas source molecular beam epitaxy [J]. Carbon, 2011, 49: 2046-2052.

[102] Park J K, Song S M, Mun J H, et al. Graphene gate electrode for MOS structure-based electronic devices [J]. Nano Lett., 2011, 11 (12): 5383-5386.

[103] Sordan R, Ferrari A C. Electron devices meeting (IEDM), IEEE International, 2013.

[104] Bertolazzi S, Krasnozhon D, Kis A. Nonvolatile memory cells based on MoS_2/graphene heterostructures [J]. ACS Nano, 2013, 7 (4): 3246-3252.

[105] Nair R R, Blake P, Grigorenko A N, et al. Fine structure constant defines visual transparency of graphene [J]. Science, 2008, 320 (5881): 1308.

[106] Kim K S, Zhao Y, Jang H, et al. Large-scale pattern growth of graphene films for stretchable transparent electrodes [J]. Nature, 2009, 457 (7230): 706-710.

[107] Becerril H A, Mao J, Liu Z, et al. Evaluation of solution-processed reduced graphene oxide films as transparent conductors [J]. ACS Nano, 2008, 2 (3): 463-470.

[108] Bae S, Kim H, Lee Y, et al. Roll-to-roll production of 30-inch graphene films for transparent electrodes [J]. Nat. Nano, 2010, 5 (8): 574-578.

[109] Zu P, Tang Z K, Wong G K L, et al. Ultraviolet spontaneous and stimulated emissions from ZnO microcrystallite thin films at room temperature [J]. Solid State Commun., 1997, 103 (8): 459-463.

[110] Bagnall D M, Chen Y F, Zhu Z, et al. Optically pumped lasing of ZnO at room temperature [J]. Appl. Phys. Lett., 1997, 70 (17): 2230-2232.

[111] King S L, Gardeniers J G E, Boyd I W. Pulsed-laser deposited ZnO for device applications [J]. Appl. Surf. Sci., 1996, 96 (8): 811-818.

[112] Meyer B K, Alves H, Hofmann D M, et al. Bound exciton and donor-acceptor pair

recombinations in ZnO [J]. Physica Status Solidi B-Basic Research, 2004, 241 (2): 231-260.

[113] Reynolds D C, Look D C, Jogai B, et al. Optically pumped ultraviolet lasing from ZnO [J]. Solid State Commun., 1996, 99 (12): 873-875.

[114] Ozgur U, Alivov Y I, Liu C, et al. A comprehensive review of ZnO materials and devices [J]. J. Appl. Phys., 2005, 98 (4): 041301.

[115] Service R E, Materials science: will UV lasers beat the blues? [J]. Science, 1997, 276 (5314): 895-895.

[116] Thomas Z. Industrial applications of excimer lasers [J]. Excimer Lasers and Optics, TS Luk, Proc. SPIE 668, 1986: 339-346.

[117] Minemoto T, Negami T, Nishiwaki S, et al. Preparation of $Zn_{1-x}Mg_x$ films by radio frequency magnetron sputtering [J]. Thin Solid Film, 2000, 372: 173-176.

[118] Guo B, Qiu Z R, Wong K S, et al. Intensity dependence and transient dynamics of donor-acceptor pair recombination in ZnO thin films grown on (001) silicon [J]. Appl. Phys. Lett., 2003, 82 (14): 2290-2292.

[119] Egelhaaf H J, Oelkrug D. Luminescence and nonradiative deactivation of excited states involving oxygen defect centers in polycrystalline ZnO [J]. J. Crystal Growth, 1996, 161 (4): 190-194.

[120] Mnam I, Nanto H, Takata S, et al. UV emission from sputtered zinc oxide thin films [J]. Thin Solid Film, 1983, 109 (4): 379-384.

[121] 林碧霞, 傅竹西, 贾云波, 等. 非掺杂 ZnO 薄膜中紫外与绿色发光中心 [J]. 物理学报, 2001, 50 (11): 2208-2211.

[122] Bae S H, Lee S Y, Jin B J, et al. Pulsed laser deposition of ZnO thin films for applications of light emission [J]. Appl. Surf. Sci., 2000, 154/155: 458-461.

[123] 韦敏, 邓宏, 王培利, 等. ZnO 基紫外探测器的研究进展与关键技术 [J]. 材料导报, 2007, 21 (12): 1-3.

[124] Studenikin S A, Golego N, Cocivera M, et al. Carrier mobility and density contributions to photoconductivity transients in polycrystalline ZnO films [J]. J. Appl. Phys., 2000, 87: 2413-2421.

[125] Zhang D H, Brodie D E. Photoresponse of polycrystalline ZnO films deposited by RF bias sputtering [J]. Thin Solid Film, 1995, 261: 334-339.

[126] Fabricius H, Skettrup T, Bisgaard P, et al. Ultraviolet detectors in thin sputtered ZnO films [J]. Appl. Optics, 1986, 25 (16): 2764-2767.

[127] Liang S, Sheng H, Liu Y, et al. ZnO Schottky ultraviolet photodetectors [J]. J. Cryst. Growth, 2001, 225 (4): 110-113.

[128] 叶志镇, 张银珠, 陈汉鸿, 等. ZnO 光电导紫外探测器的制备和特性研究 [J]. 电子学

报，2003，31 (11)：1065-1067.

[129] Xu Z Q, Deng H, Xie J, et al. Ultraviolet photoconductive detector based on Al doped ZnO films prepared by sol-gel method [J]. Appl. Surf. Sci., 2006, 253 (2): 476-479.

[130] Hu J, Gordon R G. Textured aluminum-doped zinc oxide thin films from atmospheric pressure chemical vapor deposition [J]. J. Appl. Phys., 1992, 71 (2): 880-890.

[131] Foster N F, Rozgonyi G A. Zine oxide film transducers [J]. Appl. Phys. Lett., 1966, 8 (9): 221-223.

[132] Ide T, Shimizu M, Nakajima A, et al. Gate-length dependence of DC characteristics in submicron-gate AlGaN/GaN high electron mobility transistors [J]. Japanese Journal of Applied Physics Part 1—Regular Papers Brief Communications & Review Papers, 2007, 46 (4B): 2334-2337.

[133] 刘彦松，王连卫，李伟群，等. 用PLD法制备表面声波器件用ZnO薄膜 [J]. 功能材料，2001，32 (1)：78-79，90.

[134] Zayer N K, Greef R, Rogers K, et al. In situ monitoring of sputtered zinc oxide films for piezoelectric transducers [J]. Thin Solid Films, 1999, 352 (1/2): 179-184.

[135] Nakahata H, Hachigo A, Fuji S, et al. Equivalent circuit parameters of surface-acoustic-wave interdigital transducers for ZnO/diamond and SiO_2/ZnO/diamond structures [J]. Japanese Journal of Applied Physics Part 1—Regular Papers Short Notes & Review Papers, 2002, 41 (5B): 3489-3493.

[136] Hoffman R L, Norris B J, Wager J F. ZnO-based transparent thin-film transistors [J]. Appl. Phys. Lett., 2003, 82 (5): 733-735.

[137] Nomura K, Ohta H, Ueda K, et al. Thin-film transistor fabricated in single-crystalline transparent oxide semiconductor [J]. Science, 2003, 300 (5623): 1239-1371.

2 纳米材料的表征技术

材料表征技术是人们认识材料性质、了解材料性能的重要手段。要实现材料的改性和器件的制备都离不开材料的表征技术。目前，随着薄膜材料和器件应用的多样化，其研究手段和对象也越来越广泛，这主要包括结构表征、形貌表征、元素组成分布表征、光学表征和电学表征等方面。晶体结构的表征通常通过 X 射线衍射来实现。薄膜表面的平整度可以通过扫描电子显微镜和原子力显微镜来测量。元素组成分布表征主要通过 X 光电子谱、二次离子质谱等测试来完成。光荧光谱、透射谱等可以测试薄膜光学信息。霍尔效应是最常用的薄膜电学表征手段，可以获得薄膜的导电类型、载流子浓度等各方面的信息。下面就本书中所用到主要表征手段进行简要的介绍。

2.1 X 射线衍射

X 射线衍射技术（XRD）是目前测定晶体结构的重要手段，应用非常广泛。XRD 技术利用的是电磁波（或物质波）在周期性结构中产生的衍射效应，X 射线是由德国物理学家伦琴（Röntgen）于 1895 年在研究阴极射线时发现的，它是指波长介于 $(0.01 \sim 100) \times 10^{-10}$ m 范围内的电磁波，具有很强的穿透能力。1912 年，劳厄（Laue）等人提出，当波长与晶体的晶格常数相近的 X 光通过晶体时会发生衍射现象。推导出了衍射加强的位置由劳厄方程决定。英国的物理学家布拉格（Bragg）父子从反射的角度出发，提出当 X 射线照射到晶体中一系列相互平行的晶面上时会发生反射的设想。只有在相邻晶面的反射线因叠加加强时才会有反射，即反射是有选择性的。布拉格公式[1]如下：

$$2d\sin\theta = n\lambda \tag{2-1}$$

式中，d 为晶面间距；θ 为布拉格衍射角；整数 n 为衍射级数；λ 为 X 射线波长。图 2-1 为 X 射线的布拉格衍射示意图。平行晶面 1、2、3，晶面 2 的入射和反射线光程比晶面 1 多走 $DB+BF$ 距离，$DB=BF=d\sin\theta$。根据衍射条件，只有光程差是波长的整数倍时才能互相加强，即满足布拉格方程时衍射加强。可以通过研究衍射峰位、强度、半高宽度等信息来判断晶体的结构信息。比如结晶状况、晶面取向、晶粒的大小及定量分析等。

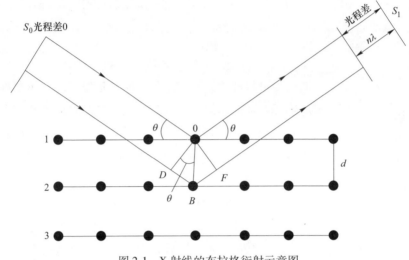

图 2-1　X 射线的布拉格衍射示意图

2.2　霍尔效应测试

霍尔效应是指当磁场作用于导体、半导体中的载流子时，就会在薄膜中产生横向电位差的物理现象。金属的霍尔效应是 1879 年被美国物理学家霍尔（Hall）发现的。当电流通过金属箔片时，若在垂直于电流的方向施加磁场，则金属箔片两侧面会出现横向电位差。半导体中的霍尔效应比金属箔片中更为明显，而铁磁金属在居里温度以下将呈现极强的霍尔效应。

如图 2-2 所示，设有一个宽为 b，厚度为 d 的材料，通以 x 方向的电流（I_S），在竖直方向（z 轴）加以强度为 B 的磁场，当载流子在 x 轴方向运动时就会受到磁场的洛伦兹力 evB，进而在 y 轴方向聚集产生一个霍尔电场 E_H，霍尔电场 E_H 会阻止载流子继续向侧面偏移，当载流子所受的横向电场力 eE_H 与洛伦兹力 evB 相等时，薄膜两侧电荷的积累就达到动态平衡，有：

$$eE_H = evB \tag{2-2}$$

式中，E_H 为霍尔电场；v 为载流子在电流方向上的平均漂移速度。设研究对象的载流子浓度为 n，则有：

$$I_S = nevbd \tag{2-3}$$

$$V_H = E_H b \tag{2-4}$$

将式（2-3）和式（2-4）代入式（2-2）消去 E_H 和 b，可得

$$V_H = E_H b = \frac{1}{ne}\frac{I_S B}{d} = R_H \frac{I_S B}{d} \tag{2-5}$$

霍尔电压 V_H 与 $I_S B$ 乘积成正比，与试样厚度 d 成反比。比例系数 $R_H = 1/ne$ 称为霍尔系数，它是反映材料霍尔效应强弱的重要参数。只要测出 $V_H(V)$ 以及知道 $I_S(A)$、$B(T)$ 和 $d(cm)$ 可按下式计算 $R_H(cm^3/C)$：

$$R_H = \frac{V_H d}{I_S B} \times 10^4 \tag{2-6}$$

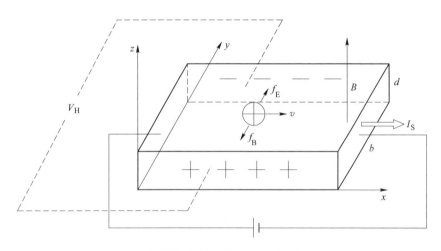

图 2-2 霍尔效应原理示意图

霍尔系数物理意义：单位磁感应强度对单位电流强度所能产生的最大霍尔电场强度。由于载流子类型（电子或空穴）不同，产生的霍尔电场方向相反，因此通过霍尔系数的正负可以判定材料的导电类型是空穴导电（p 型）或电子导电（n 型），并且通过霍尔系数和电阻率的测定可以进一步计算出载流子浓度和霍尔迁移率[2-3]。

2.3 原子力显微镜

原子力显微镜（AFM）属于扫描探针显微镜，可以在大气和液体环境下对薄膜进行纳米区域形貌探测，或者直接进行纳米操纵，现已广泛应用于半导体、纳

米功能材料领域。在 AFM 中，使用对微弱力非常敏感的弹性悬臂上的针尖对薄膜表面作光栅式扫描。图 2-3 是原子力显微镜原理示意图。当针尖和薄膜表面的距离非常接近时，针尖尖端的原子与薄膜表面的原子之间存在极微弱的作用力，导致微悬臂发生微小的弹性形变。针尖与薄膜之间的力 F 与微悬臂的形变之间遵循虎克定律：

$$F = -kx \qquad (2\text{-}7)$$

式中，k 为微悬臂的弹性系数。所以只要测出微悬臂形变量的大小，就可以获得针尖与薄膜之间作用力的大小。针尖与薄膜之间的作用力与距离有强烈的依赖关系，所以在扫描过程中利用反馈回路保持针尖与薄膜之间的作用力恒定，即保持悬臂的形变量不变，针尖就会随薄膜表面的起伏上下移动，记录针尖上下运动的轨迹即可得到薄膜表面形貌的信息。

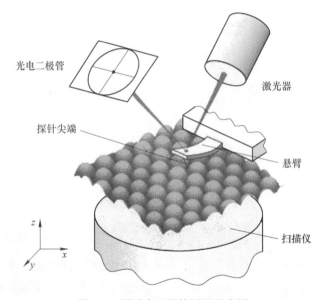

图 2-3　原子力显微镜原理示意图

AFM 有 3 种不同的常用操作模式：接触式、轻敲式和非接触式。在接触模式中，针尖始终同薄膜接触。薄膜扫描时，针尖在薄膜表面滑动。接触模式通常产生稳定、高分辨图像。但对于弹性模量较低的薄膜，针尖-薄膜表面间产生的压缩力和剪切力容易使薄膜发生变形，从而降低图像的质量。在轻敲模式中，微悬臂是振荡的并具有较大的振幅，针尖在振荡的底部间断地同薄膜接触。由于针尖同薄膜接触，分辨率通常几乎同接触模式一样好而且因为接触是非常短暂的，剪切力引起的破坏几乎完全消失。在非接触模式中，针尖在薄膜表面的上方振动，始终不与薄膜表面接触。针尖探测器检测的是范德瓦耳斯吸引力和静电力等，对成像薄膜没有破坏的长程作用力。这种模式虽然增加了显微镜的灵敏度，但相对较长的针尖-薄膜间距使得分辨率要比接触模式的低。实际上，由于针尖很容易被表面的黏附力所捕获，非接触式的操作是很难的。AFM 的缺点是不能对生长过程进行原位监测。

利用 AFM 可以直接观测纳米材料的表面形貌，还能够获得纳米材料的厚度信息。但是纳米材料暴露在空气中表面容易吸附杂质，对测量效果会有一定影响。图 2-4（a）为生长在 Al_2O_3（0001）衬底上的 Mo_2C 纳米片的 AFM 图像，图 2-4（b）为 CVD 法制备的 MoO_3 片表面的 AFM 图像，从图中能够清晰地看出三角形 Mo_2C 纳米片的形貌以及 MoO_3 片表面非常平整光滑。

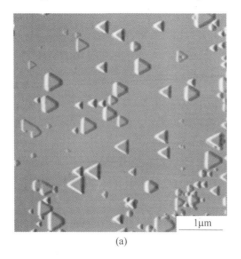
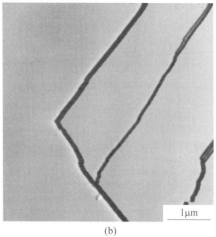

图 2-4　纳米材料的 AFM 图像

（a）生长在 Al_2O_3（0001）衬底上的 Mo_2C 纳米片；（b）CVD 法制备的 MoO_3 片

2.4　扫描电子显微镜

扫描电子显微镜（SEM）的工作原理是用一束极细的电子束扫描薄膜，在薄膜表面激发出次级电子，次级电子的数量与电子束入射角有关，也就是说与薄膜的表面结构有关，次级电子由探测体收集，并在那里被闪烁器转变为光信号，再经光电倍增管和放大器转变为电信号来控制荧光屏上电子束的强度，显示出与电子束同步的扫描图像。图像为立体形象，反映了薄膜的表面结构。图 2-5 是 SEM 原理示意图。

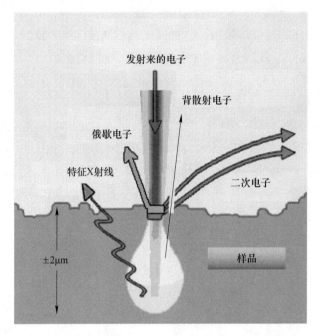

图 2-5　SEM 原理示意图

SEM 由 3 大部分组成：真空系统、电子束系统以及成像系统。

(1) 真空系统主要包括真空柱和真空泵两部分。真空泵一般用机械泵及涡轮分子泵组合构成，真空柱是一个密封的柱形容器。

(2) 电子束系统由电子枪和电磁透镜两部分组成，主要用于产生一束能量分布极窄的、电子能量确定的电子束用以扫描成像。电子枪用于产生电子，比如场致发射电子枪、热发射效应电子枪等。热发射电子需要电磁透镜来成束，所以在用热发射电子枪的 SEM 上，电磁透镜必不可少。通常会装配两组汇聚透镜用来汇聚电子束，装配在真空柱中，位于电子枪之下。物镜为真空柱中最下方的一个电磁透镜，它负责将电子束的焦点汇聚到薄膜表面。

(3) 成像系统。电子经过一系列电磁透镜成束后，打到薄膜上与薄膜相互作用，会产生次级电子、背散射电子、俄歇电子以及 X 射线等一系列信号。所以需要不同的探测器譬如次级电子探测器、X 射线能谱分析仪等来区分这些信号以获得所需要的信息。虽然 X 射线信号不能用于成像，但习惯上，仍然将 X 射线分析系统划分到成像系统中。

图 2-6 为利用 SEM 观察到的 Al_2O_3（0001）衬底表面生长的块状 Mo_2C 晶体，从图中能够清晰地观察到 Mo_2C 晶体的尺寸、形状、棱角以及表面纹路。

图 2-6　Al_2O_3(0001) 衬底表面生长的块状 Mo_2C 晶体的 SEM 图像

2.5　X 射线光电子能谱

X 射线光电子能谱（XPS）在表面分析领域中是一种崭新的表征技术。XPS 如今已经在电子工业、化学化工、能源、冶金、生物医学和环境科学中得到了广泛应用。XPS 分析法是利用 X 射线作入射束，在与薄膜表面原子相互作用后，将原子内壳层电子激发电离，通过分析薄膜发射出来的具有特征能量的电子以检测薄膜成分及结构的信息。这个被入射的 X 射线激发电离的电子称为光电子。测量光电子的动能可以鉴定薄膜所含元素及其化学状态[4]，任何材料在光电子作用下都可发射电子，探测到这些电子，并分析它们所带有的信息（如能量、强度、角分布等），从而了解薄膜的组成及原子和分子的电子结构，这就是光电子能谱。按光子能量，光电子谱可分为 XPS，其能量范围为 100eV~10keV；紫外光电子谱（UPS），其能量范围为 10~40eV。

XPS 的工作原理：电子被束缚在各种不同的量子化能级上，当能量为 $h\nu$ 的光子照射到薄膜时，自由原子的内壳层上就会有电子被激发电离成为光电子，若电子束缚能是 E_b，电离后的动能为 E_K，发射出的光电子结合能可依据爱因斯坦光电定律得出：

$$E_b = h\nu - E_K \qquad (2-8)$$

式中，E_K 为电子电离后的动能；$h\nu$ 为光子能量；E_b 为电子束缚能。

光电子动能 E_K 可用电子能量分析器测量，于是可求光电子束缚能。不同原子或同一原子的不同壳层，其 E_b 是不同的，因此 E_b 可以用来鉴定元素种类。式（2-8）应当考虑对电子动能的修正和发射电子的原子反冲能，一般情况下这些量可以忽略，但是对于固态薄膜，除考虑 E_b 外，还要考虑功函数 ϕ_S。电子从薄膜溢出的动能用 E'_K 表示，则有：

$$h\nu = E_b + \phi_S + E'_K \qquad (2-9)$$

电子进入能量分析器时，在薄膜和能量分析器之间接触电势差的作用下将加速或减速，以 ϕ_{SP} 表示能量分析器的功函数，由于光电子进入谱仪后，费米能级相同，则

$$E'_K + \phi_S = E_K + \phi_{SP} \qquad (2-10)$$

将式（2-9）和式（2-10）联立，得出固态薄膜测试的基本公式：

$$E_b = h\nu - \phi_{SP} - E_K \qquad (2-11)$$

式中，$h\nu$ 为激发光子能量，能量分析器功函数 ϕ_{SP} 为测试设备的已知量，所以能量分析器测量出光电子动能 E_K 后，元素中电子的结合能 E_b 便可以确定，进而分析原子价态以及表面原子电子云和能级结构。

XPS 的峰宽度很小，因此它不仅可以反映所研究物质的化学成分，还可以反映出相应元素所处的成键状态。这是因为参加成键的外层电子成键性质的不同对于内层电子的能量有一定的影响。XPS 可以通过对几个电子伏能量变化的探测，帮助人们分析所涉及元素的成键状态。

2.6 光学显微镜

纳米材料的尺寸非常小，纳米材料中的二维材料仅有一个原子层厚，但是将其附着在一些衬底上时是可以通过光学显微镜（OM）直接观察到的。例如，当 SiO_2 的厚度满足条件（一般为 100nm 或 300nm）时，由于光学衍射和干涉效应最为明显，导致图像颜色和对比度发生变化，能很好地观察到 SiO_2 上的二维材料。从图 2-7（a）中能够清晰地观察到生长在 Cu 衬底上的石墨烯晶畴的形状和大小。在图 2-7（b）中，单层石墨烯晶畴同衬底 SiO_2 的颜色差别不大，具有较高的透光率。

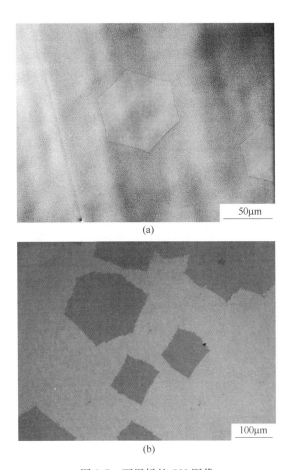

图 2-7 石墨烯的 OM 图像
(a) 生长在抛光 Cu 衬底上的石墨烯晶畴的 OM 图像;
(b) 转移到 SiO_2 衬底上的石墨烯晶畴的 OM 图像

2.7 透射电子显微镜

透射电子显微镜（TEM）可以直接对纳米材料的结构、形貌进行观察，获取直观的信息。TEM 在金属、半导体、生物材料等众多领域的测量中，发挥着重要的作用。

电子容易被物体吸收或发生散射，其穿透能力很低，所以需要将样品制成薄片。纳米材料具备这样的条件，可以直接进行 TEM 测试。图 2-8 为石墨烯的 TEM 图像[5]，由衬度变化能够看出石墨烯的基本轮廓，图 2-8 中的插图为石墨烯的 SAED 谱，显示出石墨烯中 C 原子排列成六边形。

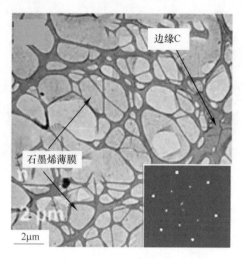

图 2-8　Cu 网微栅上石墨烯的 TEM 图像

通过高分辨（HRTEM）模式，可以进一步得到纳米材料样品的晶体结构、缺陷种类和分布以及取向等信息。图 2-9（a）是利用 HRTEM 对 Cu 网微栅上的石墨烯进行表征时，观察到的由单层 C 原子紧密排列的二维蜂窝状石墨烯点阵结构[6]。利用 HRTEM 对石墨烯层片的边缘进行观察，还可以确定石墨烯的层数[7]，如图 2-9（b）所示。

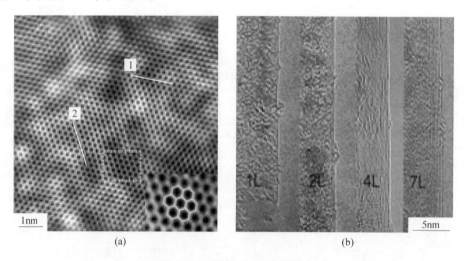

图 2-9　石墨烯 HRTEM 图像
（a）单层石墨烯的 HRTEM 图像；（b）不同层数石墨烯的 HRTEM 图像

利用 TEM 中的选区电子衍射仪（SAED）可以得到纳米材料的衍射花样，根据电子衍射的几何关系就可以算出晶面间距的信息，从而可以判断纳米材料的晶体结构，同时也能够为超薄纳米材料的层数判定提供依据。

2.8　拉曼光谱仪

拉曼（Raman）光谱表征技术的基本原理是拉曼散射效应，其原理如图 2-10 所示。目前被广泛应用于纳米材料的分析，如碳纳米管[8]以及石墨烯[9]。

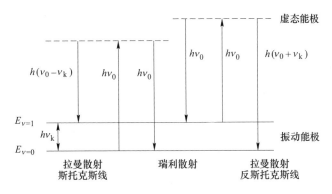

图 2-10　拉曼和瑞利散射能级示意图

图 2-11 是典型的石墨烯的拉曼光谱图[10]。从图 2-11 中可以看出，两个特征峰分别位于 2700 cm^{-1}（2D 峰，也称 G′峰）和 1580 cm^{-1}（G 峰）。其中，2D 峰起源于非弹性散射和双声子双共振过程[11-12]，而 G 峰是 C 的 sp^2 结构的特征峰，与

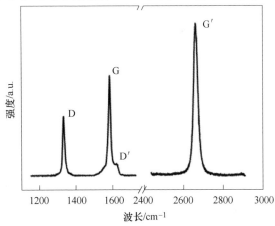

图 2-11　石墨烯拉曼光谱的特征峰位

sp² 杂化的 C 原子的 E_{2g} 拉曼活性模相关，反映其结晶程度和对称性。位于 1350cm⁻¹附近的 D 峰为缺陷峰，反映 C 材料的无序性。在拉曼光谱中，G 峰与 2D 峰的强度比值 I_G/I_{2D} 被认为与石墨烯薄膜的厚度有关，比值越大，石墨烯薄膜越厚。D 峰与 G 峰的强度比值 I_D/I_G 被认为是与石墨烯的缺陷成正例，与石墨烯晶畴尺寸大小成反比。

当需要表征纳米材料的均匀性时，可以利用拉曼光谱仪的平面扫描功能对纳米材料进行面扫描。图 2-12 所示为石墨烯晶畴放在空气中不同氧化时间对应的拉曼光谱的 I_D/I_G 的面扫描图[13]。利用拉曼光谱对石墨烯进行面扫描，能够更加清晰地分析石墨烯的均匀性以及缺陷分布等信息。

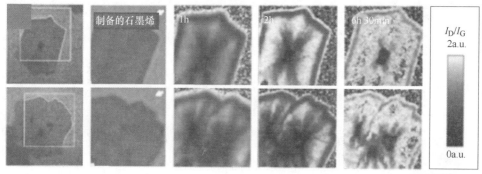

图 2-12 在空气中氧化后的石墨烯的 I_D/I_G 面扫描

图 2-12 彩图

2.9 光荧光测试

光荧光（简称为 PL）测试是研究半导体材料光学性质的一种重要手段[14]，PL 的优点在于灵敏度高、实验数据采集和薄膜制备简单。当用一束光子能量大于半导体材料禁带宽度的激光照射到薄膜表面时，薄膜价带中的电子在吸收光子后，电子将被激发到激发态，产生非平衡载流子。处于激发态的非平衡电子会自发地或受激地从激发态跃迁到基态，可能将吸收的能量以光的形式辐射出来，这一过程叫辐射复合或发光。当然薄膜也可以无辐射的形式（如发热）将吸收的能量散发出来，这叫作非辐射复合[15]。在半导体材料中主要有以下几种复合跃迁过程[16]：(1) 自由载流子复合——导带底电子与价带顶空穴的复合。(2) 自由激子复合——自由激子中的电子和空穴之间发生的复合现象。(3) 束缚激子复合——指被施主、受主或其他缺陷中心束缚的激子中的电子和空穴之间发生的复合现象。(4) 浅杂质能级与本征带间的载流子复合——即导带电子通过浅施主能级与价带空穴复合，或价带空穴通过浅受主能级与导带电子复合。（5）电子-空穴对的复合——专指被施主-受主杂质束缚着的电子-空穴对的复合。（6）电子-空穴对通过 DL 的复合——指导带底电子和价带顶电子通过 DL 的复合，这种过程复合的几率很小。当薄膜被激发时，用一套光谱探测系统就能得到它的 PL 谱。PL 谱中的发光波长 λ(nm) 与对应的光子能量 E(eV) 之间的换算关系式为[17]：

$$E = h\nu = \frac{1239.85}{\lambda} \quad (2-12)$$

式中，h 为普朗克常数；ν 为光子频率。

例如，在 ZnO 纳米材料的室温 PL 谱中，处于 380nm 附近比较窄的一条紫外禁带边（NBE）发光带是 ZnO 发光谱中的一个重要特征，通常是与激子相关的跃迁。另外，PL 谱中还有一个中心波长在 450~650nm 之间的很宽的可见光发光带，这一发光带通常与 ZnO 纳米材料中的深能级（DL）缺陷相关。可以将薄膜置于低温系统中，对材料进行变温光荧光测试，得到杂质离化能、激子束缚能等重要信息。发光纳米材料的发光过程包含着材料结构与组分的丰富信息，是多种复杂物理过程的综合反映，因而利用发光光谱可以获得纳米材料的多种信息。

参 考 文 献

[1] 黄胜涛. 固体 X 射线学 [M]. 北京：高等教育出版社，1985.

[2] 刘恩科，朱秉升，罗晋升，等. 半导体物理学 [M]. 北京：国防工业出版社，2002.

[3] 陆家和，陈长彦. 现代分析技术 [M]. 北京：清华大学出版社，1995.

[4] 华中一，罗维昂. 表面分析 [M]. 上海：复旦大学出版社，1989.

[5] Reina A, Jia X, Ho J, et al. Large area, few-layer graphene films on arbitrary substrates by chemical vapor deposition [J]. Nano Lett., 2009, 9 (1): 30-35.

[6] Gu W, Zhang W, Li X, et al. Graphene sheets from worm-like exfoliated graphite [J]. J. Mater. Chem., 2009, 19: 3367.

[7] Bi H, Huang F, Liang J, et al. Transparent conductive graphene films synthesized by ambient pressure chemical vapor deposition used as the front electrode of CdTe solar cells [J]. Adv. Mater., 2011, 23 (28): 3202-3206.

[8] Shin K Y. Study of preferred diameter single-walled carbon nanotube growth [D]. Taiwan, China: National Tsing Hua University, 2007.

[9] Blake P, Hill E W, Neto A H C, et al. Making graphene visible [J]. Appl. Phys. Lett., 2007,

91: 063124.

[10] Malard L M, Pimenta M A, Dresselhaus G, et al. Raman spectroscopy in graphene [J]. Phys. Rep., 2009, 473: 51-87.

[11] Ferrari A C, Meyer J C, Scardaci V, et al. Raman spectrum of graphene and graphene layers [J]. Phys. Rev. Lett., 2006, 97 (18): 187401.

[12] Ni Z, Wang Y, Yu T, et al. Raman spectroscopy and imaging of graphene [J]. Nano Res., 2008, 1: 273-291.

[13] Gang H H, Fethullah G, Jung J B, et al. Influence of copper morphology in forming nucleation seeds for graphene growth [J]. Nano Lett., 2011, 11 (10): 4144-4148.

[14] Hong S K, Hanada T, Ko H J, et al. Control of polarity of ZnO films grown by plasma-assisted molecular-beam epitaxy: Zn- and O-polar ZnO films on Ga-polar GaN templates [J]. Appl. Phys. Lett., 2000, 77 (22): 3571-3573.

[15] 方容川. 固体光谱学 [M]. 合肥: 中国科技大学出版社, 2001.

[16] Klingshirn C F. Semiconductor optics [M]. Berlin: Springer-Verlag, 1997.

[17] Huang Y, Seo H J, Feng Q, et al. Effects of trivalent rare-earth ions onspectral properties of $PbWO_4$ crystals [J]. Mater. Sci. Eng. B, 2005, 121: 103-107.

3 液态催化剂制备二维纳米材料

3.1 引 言

自从 Konstantin Novoselov 和 Andre Geim 在 2004 年利用机械剥离法首次获得单层石墨烯以来[1]，二维/超薄纳米材料成为科研人员的研究热点。大面积高质量的二维/超薄纳米晶体对于研究纳米尺度下材料的物理、化学性质以及材料的相关应用至关重要。

材料的制备是系统研究其性能和应用的前提和基础，为了使石墨烯及过渡金属基纳米材料能够尽早实现工业化生产并且成功应用，如何提高所制备的纳米材料的质量，减小材料本身缺陷对器件的影响成为研究人员的工作重点。

化学气相沉积法（CVD）由于具有超低的成本、高可扩展性和高可控性已广泛应用于二维纳米材料的生产中[2-9]，尤其是单晶样品的制备。在 CVD 工艺中，温度、压力、气相速率、催化剂种类等是确定的生长参数。通过调节这些参数，可以实现对二维纳米材料尺寸、形貌、层数和质量的精细控制[10-16]。在此背景下，近年来利用 CVD 制备高质量二维纳米材料的研究越来越多[17-19]。常规利用 CVD 制备二维纳米材料的主要过程包括：高温下，气相前驱体在固体金属催化剂（SMCat）上的解离和吸附、材料的成核和生长。现在已经证实，SMCat 通常含有晶体缺陷、晶界和不同的表面粗糙度，这些因素会使生长的二维纳米材料（例如石墨烯）产生严重的缺陷[20]。通过引入液态金属催化剂（LMCat）来替代 SMCat，许多固态缺陷明显不存在于熔体中，因此促进了低缺陷密度二维纳米材料的合成。此外，利用熔融金属的流变特性，可以更有效快速地实现二维纳米材料的生长。

3.2 液态催化剂制备二维材料的研究现状

3.2.1 液态催化剂制备石墨烯

由于石墨烯优异的物理和化学性质，它的 CVD 生产工艺，不仅引起了经典晶体生长和薄膜沉积领域的关注，而且受到了多相催化领域的关注。关于催化剂的选择，需要考虑的是在给定的催化剂中平衡 C 的溶解度。因此，对于单层 CVD 石墨烯来说，低 C 溶解度的催化剂是必不可少的，而对于高 C 溶解度的金属，石墨烯在冷却过程中通过 C 的析出继续生长，导致多层形成。同时，固体金属的固有特性，如表面粗糙度、结晶缺陷和晶界等，会在生长过程中诱发缺陷，从而损害石墨烯的质量。

3.2.1.1 利用液态 Cu 制备石墨烯

近年来，利用液态 Cu 代替 SMCat 作为一种生产大规模高质量石墨烯的替代方法引起了人们的关注。液态 Cu 的表面具有光滑和各向同性的优点，这可以促进均匀的单层石墨烯更快和无缺陷的生长，图 3-1[21] 为液态 Cu 衬底上制备石墨烯的过程示意图。高温下 Cu 衬底熔化成液态，将 CH_4 催化分解成 CH_x ($x=0$, 1, 2, 3)，C 原子在液态 Cu 表面成核，进行自限制生长。通过优化生长参数，能够在液态 Cu 衬底上制备出形状规则、分布均匀的六角形石墨烯晶畴和连续的石墨烯薄膜。利用液态 Cu 低碳溶解度和准原子表面的特性，能够大大抑制晶界诱导的成核位点，可以作为均匀层数石墨烯催化生长的理想基底。此外，在液态 Cu 上石墨烯的平均生长速率明显高于在固体催化剂上的生长速度。

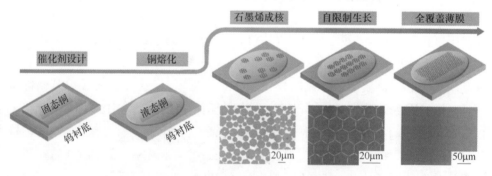

图 3-1　石墨烯在液态 Cu 上的 CVD 生长过程示意图

A　尺寸和质量

利用 CVD 制备的石墨烯的尺寸和质量与石墨烯的成核、生长和成膜有着直接的关系。为了获得高质量的大尺寸单层石墨烯，已经实现了两种基本方法。第一种方法是降低石墨烯成核密度，然后允许单个晶畴随时间慢慢生长。一般来说，较高的生长温度和较低的前驱体压力，可以导致较低的成核密度[22]，如图 3-2 所示[23]。成核密度的降低显著提高了石墨烯的质量和生长速度。第二种方法

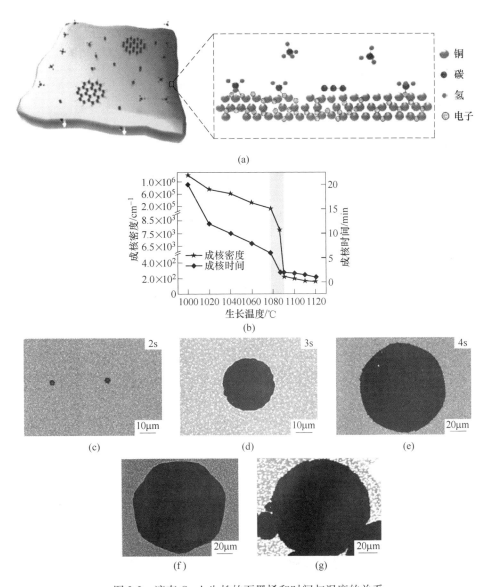

图 3-2 液态 Cu 上生长的石墨烯和时间与温度的关系
(a) 富自由电子促进的低 C 化学势下石墨烯在液态 Cu 上成核的示意图；
(b) 石墨烯在 Cu 上的成核密度和成核时间与温度的关系图；
(c)~(g) SEM 图像显示了液态 Cu 上生长的石墨烯晶畴随时间的演变

是防止不同石墨烯晶畴之间的错误取向，使它们在理想的情况下融合成一个无缝的石墨烯单晶。液态 Cu 能够同时实现这两种方法，其准原子光滑表面是由表面张力和使表面能最小化的原子热运动共同作用形成的，由热运动驱动的液体的原子结构可以描述为短程有序和长程无序,实现了其表面没有明显的缺陷。此外,液态 Cu 均匀的光滑表面有利于石墨烯晶畴的有序排列及其随后的自组装。从图 3-2(b)可以看出,当 Cu 衬底从固相转变到液相时,核的浓度和成核时间急剧下降。图 3-2(c)~(g)为石墨烯晶畴随着生长时间的增加而逐渐增大的 SEM 图像,当单个晶畴增大到一定程度,临近的几个晶畴相连并合并在一起。值得一提的是,Cu 蒸气也是促进石墨烯快速生长的重要参数。这是因为空气中的 Cu 团簇能够导致大量的 C 源产生,然后在 Cu 催化剂表面成核,导致额外的石墨烯生长[24]。因此,大量扩散的 C 原子在石墨烯的生长过程中起着重要的作用。

B 方向和自组装

石墨烯晶粒在多晶 Cu 上的生长是不定向的,它们的合并是随机的。这就产生了多晶石墨烯薄膜,它是由可变宽度(通常是几微米)的颗粒以及周围的晶界组成的,这些晶界被认为是影响石墨烯质量的主要因素,晶界密度越大,石墨烯的质量越差[25]。液体表面的流变性能为石墨烯颗粒的旋转、排列和自组装提供一个合适的平台,能够很好地控制大规模石墨烯单晶的合成,从而有效解决了石墨烯多晶性质的问题。使用液态 Cu 有利于石墨烯成核位点的组织和排列,从而使单晶石墨烯阵列具有高度有序的结构。通过延长生长时间,单晶晶粒聚合成统一的连续薄膜。

石墨烯成核位置的调节是由熔融表面的流变特性决定的,当液态 Cu 表面全部覆盖石墨烯薄膜,系统达到更高的稳定性。石墨烯的晶体取向受到生长过程中在薄片周围产生的邻近核之间的静电相互作用的影响。由于衬底的流动性和静电场的作用,每个石墨烯单晶倾向于调整自己的方向以匹配邻近核的方向,形成自平行晶体阵列,如图 3-3(a)和(b)所示[26]。在石墨烯成核之前,为了保持平衡,可以假设整个液态 Cu 表面是一个具有一定弧角的体系。第一个石墨烯核出现后,其重力使液态 Cu 表面张力的平衡发生变化,系统需要额外的力来保持平衡。随着碳原子的不断分离,第二个石墨烯核形成以固定平衡,如图 3-3(c)所示。在液态 Cu 表面,石墨烯晶畴之间的相互作用遵循能量最小化原则,临近石墨烯晶畴的边缘平行排列,而能量较高的顶点彼此靠近,如图 3-3(d)所示。图 3-3(e)为生长的六边形石墨烯晶畴边缘平行排列的 SEM 图像。此外,通过衬底工程,可以控制催化剂的电荷分布,大规模地生长厚度可控的石墨烯单晶阵列[27]。

另外,生长温度对石墨烯的排列也起着决定性作用[29]。石墨烯在固态 Cu 上的生长温度刚好低于 Cu 的熔化温度(1083℃),由于成核的取向随机,最终生

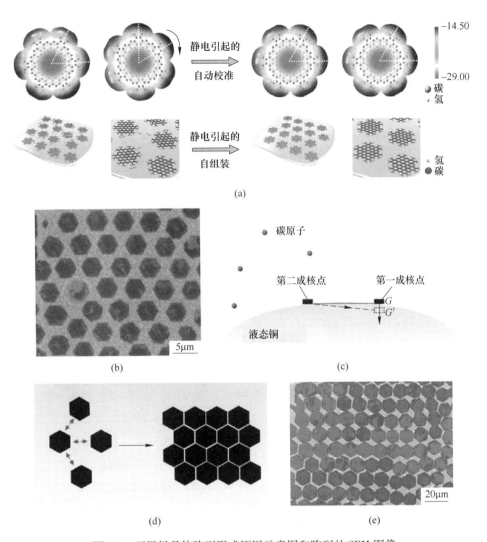

图 3-3 石墨烯晶体阵列形成原因示意图和阵列的 SEM 图像

(a) 石墨烯单晶的分子结构和静电势示意图,以及石墨烯晶粒静电相互作用组装示意图;
(b) 自平行石墨烯晶体阵列;(c) 液态 Cu 上自平行石墨烯阵列的表面张力控制生长
机制示意图;(d) 相邻六边形石墨烯薄片的边缘接近模式示意图;
(e) 边缘平行排列的六方石墨烯阵列的 SEM 图像[28]

长出多晶石墨烯,如图 3-4(a)所示。在 Cu 的熔点之上的一定温度范围内,石墨烯晶畴表现出相同的取向,并与气体流动方向相同,如图 3-4(b)所示。但是,随着生长温度继续升高,石墨烯晶畴的尺寸继续增大,并再次呈现出不同的取向,如图 3-4(c)所示。图 3-4(d)为石墨烯晶畴在不同的生长温度下取向行为的示意图。很明显，液态 Cu 上石墨烯的自组装可以由不同生长参数引起的石墨烯和衬底的相互作用来控制。熔融金属 Cu 的流变特性有助于石墨烯晶畴的转向、定位和排列行为，从而使石墨烯单晶畴的无晶界拼接和有序排列具有显著的可控性和效率。然而，其他二维材料并没有表现出与石墨烯晶畴相似的自组装方式，证明了石墨烯晶畴这种自组装方式的独特性。

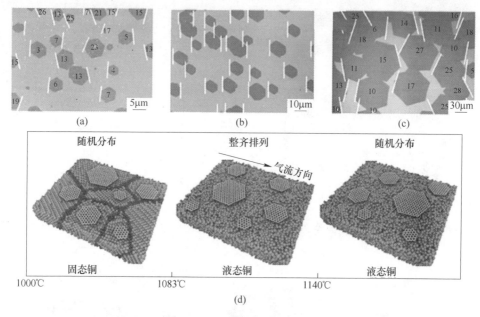

图 3-4　不同温度下生长石墨烯的示意图和 SEM 图像

(a) 固态 Cu 上生长的石墨烯；(b) Cu 熔点之上一定温度范围内生长的石墨烯；
(c) 温度继续升高生长的石墨烯；(d) 不同温度下石墨烯生长行为示意图

C　形态控制

石墨烯晶畴的形状对于研究其生长机制至关重要，这有助于制备出层数可控、晶体尺寸可控和取向可控的石墨烯。另外，由于石墨烯的性能与晶体形状和结构密切相关，因此，石墨烯的可控制备决定了石墨烯的最终质量。通常，石墨烯以六边形的形状生长，这与它的原子结构紧密相连。尽管在固体表面上制备出多种形状的石墨烯晶畴[30-31]，但由于其独特的生长机制，在液态 Cu 衬底上制备的石墨烯晶畴形貌更加丰富，并且主要呈现出非常对称的形状。与影响石墨烯尺寸的因素类似，片状的石墨烯晶畴的形貌取决于边缘的碳吸附速率和 C 原子的扩散速率。当表面扩散速度较慢时，碳吸附原子有足够的时间在原子核边缘找到一个能量有利的位置，从而形成对称而致密的晶畴。当扩散速度较快时，会出现树枝状结构。这种行为是由动力学蒙特卡罗模拟预测的。此外，通过精确控制生长参数，在液态 Cu 上观察到各种形态的石墨烯晶畴，从高度致密到树枝雪花状[32-33]。通过调节反应气体的组分，可以影响吸附的碳原子在表面的扩散速率，通过调整 Ar 和 H_2 的比例，可以精确调控石墨烯晶畴的形貌，如图 3-5（a）~（l）所示[34]。Ar 和 H_2 的比例越高，枝晶结构越对称；Ar 和 H_2 的比例越低，枝晶结

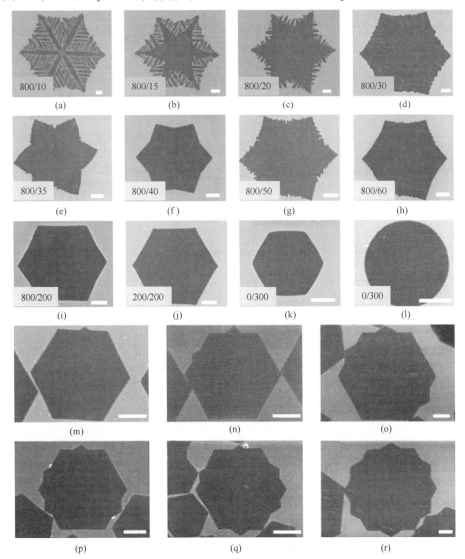

图 3-5 不同生长条件制备的形状不同的石墨烯的 SEM 图像

（a）~（l）通过改变 Ar 和 H_2 流量比，在液态 Cu 上制备的不同形状石墨烯晶畴的 SEM 图像；

（m）~（r）通过精确控制 CH_4 的流速和总生长时间，生长出十二点状单晶石墨烯晶畴，比例尺为 5μm

构越致密。通过精确控制 CH_4 的流速和总生长时间，可以生长单晶十二点状石墨烯晶畴，如图 3-5（m）~（r）所示[35]。这种奇异的形状可以通过沿着六边形晶畴的六边生成额外的针脚来获得。进一步增加 CH_4 的流量，这些针脚可以逐渐融合到六边形中。这两个工作状态为液态 Cu 上石墨烯的晶体生长提供了两种合理的机制，增强了在液体衬底表面制备石墨烯形貌的可控性。

3.2.1.2 其他液态金属催化剂制备石墨烯

由于 Cu 的低 C 溶解度和自限特性，越来越多的研究人员选择以 Cu 作为催化剂合成高质量的单层石墨烯。如上所述，以液态 Cu 作为衬底为制备低缺陷密度、高质量的石墨烯开辟了一个新的有效途径。研究人员同样尝试了使用除 Cu 以外的其他液态金属衬底。

降低石墨烯生长温度是降低 CVD 生产成本和促进实际应用的关键[36,37]。于是，研究人员开展了利用低熔点金属，例如 Ga 作为衬底制备 CVD 石墨烯的探索。液态 Ga 具有较宽的熔化温度和较低的蒸气压，并对各种类型的前驱体具有良好的石墨化催化能力。J. I. Fujita 等人[38-42] 报道了利用无定型碳膜作为前驱体，在液态 Ga 衬底上制备出多层的石墨烯薄膜。他们将无定型碳膜覆盖在液态 Ga 表面上，当温度达到 1000℃时，在碳膜和液态 Ga 的界面处观察到了催化石墨化现象。虽然制备的石墨烯薄膜的性能不是最优的，但液态 Ga 的催化性能得到了证明。采用常压 CVD 在 W 箔支撑的液态 Ga 上制备出均匀的单层石墨烯薄膜[43]，通过拉曼光谱和电学性能测试，证明制备的石墨烯薄膜具有较低的缺陷密度和较高的载流子迁移率。此外，在石墨烯的制备过程中，W 基板的质量没有减少，这降低了大规模制备石墨烯的成本。图 3-6 为在 W 支撑的液态 Ga 衬底上制备和转

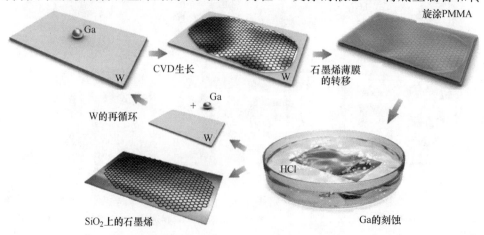

图 3-6　W 支撑的液态 Ga 衬底上制备和转移石墨烯的流程示意图

移石墨烯的流程示意图，在石墨烯表面通过旋涂 PMMA 和 Ga 的刻蚀等步骤将石墨烯转移到 SiO_2 衬底上，同时实现了 W 的再循环利用。

Ga 的低熔点特性有利于通过两步 CVD 生长法研究石墨烯在极低温下的生长过程和机理。石墨烯的形核温度较高（大于 1050℃），但后续石墨烯核的生长不需要保持在该温度，这使得石墨烯薄膜可以在低温和不适合石墨烯生长的衬底上生长，如图 3-7 所示。

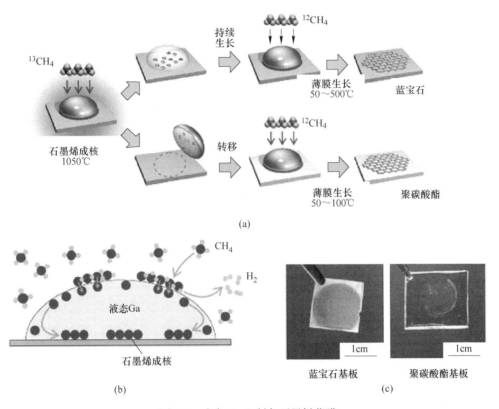

图 3-7　液态 Ga 上制备石墨烯薄膜

（a）低温生长石墨烯的实验流程示意图；（b）液态 Ga 上石墨烯成核和薄膜生长的生长机理示意图；
（c）完全覆盖石墨烯薄膜的蓝宝石和聚碳酸酯基板的 OM 图像

早期利用液态金属衬底制备石墨烯需要 C 溶解到衬底中[44]，例如，液态的 Ni 和 Cu 作为衬底能够溶解多余的 C 源，当金属重新凝固时，C 源在金属表面析出，形成单层或者少层石墨烯薄膜。通过这种方法制备的石墨烯薄膜结晶度较低，厚度不均匀，主要是由于在生长过程中，存在大量的多余的 C，并且缺乏可控的动力学因素和合理的 CVD 反应步骤。随着对石墨烯生长机制的了解日益深入，人们开始探索除 Cu 和 Ga 之外的其他液态金属基底。这些包括 Ni、In、Sn

以及不同组分的合金。通过延长生长时间能够控制所制备的石墨烯的层数，通过优化 H_2 的流量能够提高石墨烯的结晶性，证明了这些液态金属衬底具有很好的石墨化催化性能。得益于 C 原子在液态金属表面的快速运动，能够实现单层或者双层石墨烯薄膜的快速生长。这些工作的结果对未来石墨烯的发展具有一定的指导作用，但是，所制备的石墨烯厚度不均匀，结晶性不高，具有较大的缺陷密度，因此，利用液态金属衬底制备石墨烯的方法还需要进一步的优化。研究人员进一步将液态 Ga 与铁族金属——Fe、Co、Ni 进行合金化，形成了化学性质稳定的反钙钛矿层[45]。在制备石墨烯的降温过程中，这层反钙钛矿层能够作为一个 C 屏障，阻止 C 从体相分离到表面，如图 3-8 所示。以 Ga-Ni 合金为例，通过 CVD 生长前后 XRD 图谱的对比，证实了 $GaCNi_3$ 反钙钛矿层的形成。通过调整衬

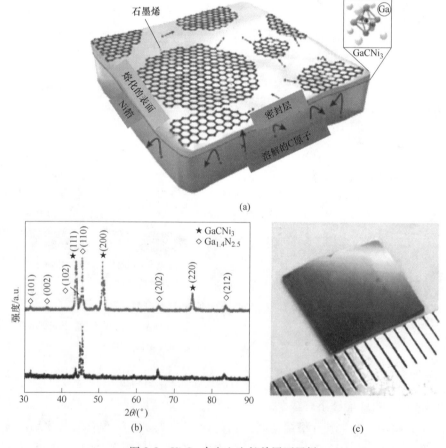

图 3-8　Ni-Ga 合金上生长单层石墨烯

(a) Ni-Ga 合金上生长单层石墨烯的原理图；(b) 生长前后 Ni-Ga 合金衬底的 XRD 图谱；
(c) 转移到 SiO_2/Si 衬底上的石墨烯薄膜的光学照片

底的厚度（25~1000μm），实现了大面积、均匀的单层石墨烯的全表面覆盖。优化其他的实验参数，能够更好地控制 CVD 石墨烯的生长过程。XPS 测试显示出从表面到次表面的 C 组分梯度，证实了反钙钛矿层对 C 的密封能力。

液态 Ni 液滴也被用作衬底来制备单层石墨烯[46]。由于纳米级厚度的 Ni 薄膜熔点较低，因此，在低于正常生长温度下能够获得 Ni 液滴[47]。减小液滴的尺寸，溶解 C 的数量也随之减少，从而实现了单层石墨烯的可控生长。当采用液态 Ga-Cu 合金作为衬底时，在较低的温度下能够实现均匀单层石墨烯的可控生长[48]。液态 Ga 具有较低的熔点和良好的催化性能，以 Cu 作为表面张力还原剂，增强了 Ga 的铺展能力，在 800℃ 的低温下实现了大面积单层石墨烯的制备。同时，这项工作还表明，合金中 Ga 的含量维持在 45%~70% 时，才能够保持合金的液态形态，从而实现单层石墨烯的生长，如图 3-9 所示。

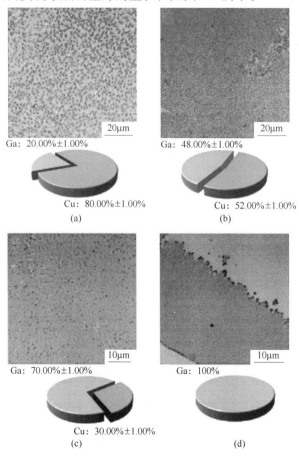

图 3-9　在不同 Ga 含量的 Cu-Ga 合金衬底上生长的石墨烯薄膜的 OM 图像
（a）20%Ga；（b）48%Ga；（c）70%Ga；（d）100%Ga

3.2.1.3 利用液态玻璃制备石墨烯

大多数金属正常情况下为固态形态，由于它们具有的石墨化催化能力，作为衬底被广泛应用于石墨烯的制备生产中。同时，为了满足不同应用的需求，石墨烯需要被转移到合适的绝缘衬底上，但是，在转移过程中，会对石墨烯造成巨大的破坏，使其产生大量的缺陷，因此，人们需要将石墨烯直接生长在绝缘衬底上。但是，大多数绝缘衬底的低催化活性和缓慢的碳物种扩散导致其上石墨烯的生长速度非常慢，在某些情况下，需要几个小时才能在整个衬底上生长出连续的石墨烯薄膜。液态金属衬底表面光滑、无缺陷，其被用来制备石墨烯，能够有效地提高石墨烯的质量。基于此，研究人员开始着手在液态绝缘衬底上制备石墨烯。由于液态绝缘衬底同样具有优异的物种表面迁移速度，同样能够使石墨烯均匀的成核，使得在准备应用的绝缘衬底上直接生长高质量石墨烯薄膜成为可能，从而大大降低了转移过程中对石墨烯造成的破坏，并且节约了工业化的成本。图 3-10 为以 Na-Ca 玻璃为衬底制备石墨烯的流程示意图和 SEM 图像，Na-Ca 玻璃的软化点相对较低，约为 620℃。通过将 Na-Ca 玻璃置于软化点以上的温度下，Na-Ca 玻璃软化为液态，通入 C 源之后，在 Na-Ca 玻璃表面能够快速形成均匀分布的石墨烯盘，延长生长时间，可以得到连续的石墨烯薄膜。这种方法制备石墨烯的缺点是需要较长的生长时间，一般需要数小时才能在整个绝缘衬底上覆盖均匀

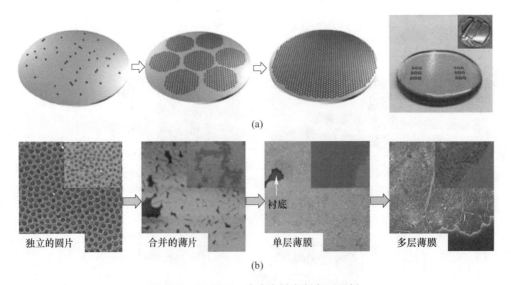

图 3-10　以 Na-Ca 玻璃为衬底制备石墨烯
(a) 制备流程示意图；(b) 制备的石墨烯的 SEM 图像

的石墨烯薄膜。

尽管生长缓慢，采用熔融玻璃作为液态衬底能够提供一个各向同性的表面，没有高能量位点，例如缺陷，扭曲和粗糙点等，这有助于石墨烯均匀形核。液态玻璃的流动性提供了更高的碳物种扩散速率，因此单个石墨烯晶畴的生长速度更快。通过在热致变色显示器、除雾设备、液晶技术，甚至组织工程细胞增殖等应用中采用石墨烯涂层玻璃，可以推动工业玻璃生产进入不可预见的商业化。

总之，与具有丰富形貌的固态衬底不同，液态衬底提供了超光滑和流畅的表面，可以有效地调控石墨烯的生长和自组装，由于液态金属表面没有结构缺陷和晶界，大大减少了石墨烯的形核，使得大尺寸石墨烯单晶的生长成为可能。此外，吸附的碳原子在液体衬底上具有较快的扩散速度，这有利于石墨烯纳米结构的形成，对提高石墨烯的质量具有重要意义，液态衬底的引入引发了石墨烯生长领域的一场革命。同时，液态金属衬底上石墨烯的制备是一个相当新的领域，需要进行大量的工作来进一步优化和理解这个过程。表 3-1 概述了石墨烯在不同液态金属衬底上的生长，以及每种生长过程的关键参数。

表 3-1 液态金属衬底上制备石墨烯的条件和石墨烯质量概述表格[49]

催化剂	制备条件			质量		参考文献
	温度/℃	时间/min	尺寸/μm	拉曼光谱	电学质量	
Cu	1100~1120	20~120	10~50	$I_{2D}/I_G = 2.5~4$, $FWHM_{2D} = 35~40$	1000~2500 $cm^2/(V \cdot s)$	[21]
	1160	30	3~15	$I_{2D}/I_G = 3~5$	500~3500 $cm^2/(V \cdot s)$	[50]
	1070~1090	20(1070℃), 3(1090℃)	40~50		607~642Ω/sq, 4489$cm^2/(V \cdot s)$	[51]
	1086~1120	2	2600	$I_{2D}/I_G > 2$	1000~8000 $cm^2/(V \cdot s)$	[23]
Ga	700	30		$I_D/I_G > 1$		[42]
	1020	10~60	7~20	$I_G/I_{2D} = 0.4~0.5$, $FWHM_{2D} < 36.5$	7400$cm^2/(V \cdot s)$	[38]
	700~1100	0.5~30	连续薄膜	$I_D/I_G = 0~1.5$, $I_{2D}/I_G = 0.7~3$, $FWHM_G = 21~70$		[52]
Ni（液滴）	1000	10	1	$I_G/I_{2D} > 2$, $I_D/I_G \approx 0.1$, $FWHM_{2D} < 55$	100Ω/sq	[46]
玻璃	500~750	60~180	多层连续薄膜	$I_D/I_G = 1.4~1.6$,	1~3kΩ/sq	[53]

续表 3-1

催化剂	制备条件			质量		参考文献
	温度/℃	时间/min	尺寸/μm	拉曼光谱	电学质量	
Cu-Ga (20%~100%)	800	3~60	连续薄膜	$I_{2D}/I_G=2.1$, $I_D/I_G=0.09$, $FWHM_{2D}=41.6$		[47]
In	1000	30	1~2 层连续薄膜	$I_D/I_G=0.3$		[52]
Sn	1000	60	连续薄膜	$I_D/I_G=1$		[52]
In-Cu	1100	5	1~2 层连续薄膜	$I_D/I_G=0.2$		[52]
Sn-Ni	1000	30		石墨碳		[52]
Sn-Ag-Cu	1000	60	连续薄膜	$I_D/I_G=0.55$		[52]

3.2.2 液态金属催化剂制备 h-BN

由于 h-BN 具有较大的能量带隙（6eV）和原子级平滑的表面，其被认为是最理想的具有先进性能和稳定性能的电子器件平面之一[54]。其抗氧化和耐腐蚀的特性使得 h-BN 成为保护活性材料和器件免遭结构变形和化学降解的栅极绝缘层的合适选择[55]。因此，研究人员在制备高质量的 h-BN 薄膜上进行了大量工作[56-57]。虽然在 SMCat 上用 CVD 生长 h-BN 单晶已经取得了明显的进展[58-59]，但是 SMCat 表面的固有缺陷，如晶界和表面缺陷，严重降低了所生长材料的质量。因此，研究人员在液态金属衬底上进行了 h-BN 的生长研究。采用液态金属衬底和合金衬底制备 h-BN 是一种非常规的方法，可用于促进块体 h-BN 的 CVD 生长[60]。在 LMCat 上可控合成 h-BN 的第一次尝试是在标准大气压下，以液态 Cu 为衬底，利用 CVD 制备并得到自对准的 h-BN 单晶阵列[61]。此外，通过优化生长参数，h-BN 晶粒的形状由六边形转变为圆形，B 终端和 N 终端交替排列，如图 3-11（a）~（c）所示。M. H. Khan 等人[62]进一步证明了利用液态 Cu 衬底在生长 h-BN 方面比固态 Cu 具有明显的优势。以液态 Cu 为衬底，容易制备出几微米的单晶和双层 h-BN 薄片，而固体 Cu 则制备出多晶和混合多层的 h-BN 薄片。这种显著的改善归因于在液体 Cu 衬底表面，h-BN 形核位点的减少和均匀分布，这与 CVD 合成大单晶石墨烯的关键相同[63-64]。

J. S. Lee 等人[65]在液态 Au 上成功合成了晶圆级的 h-BN。B 和 N 原子在液态 Au 中的溶解度较低，确保了高温下 B 和 N 原子在液态 Au 表面扩散，而不是体积扩散，从而使 h-BN 更容易形核。通过静电相互作用，B 终端和 N 终端实现了边缘自准直，h-BN 核进一步生长为紧密排列的晶畴，如图 3-12 所示。液态 Au

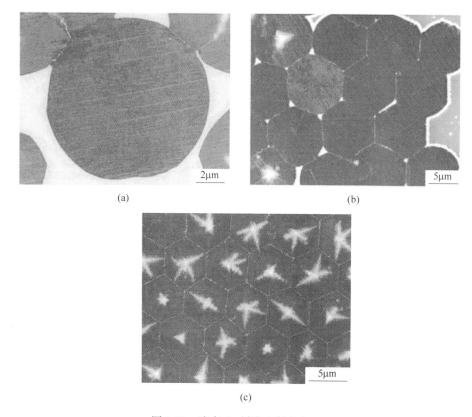

图 3-11 液态 Cu 衬底上制备 h-BN

(a) 液态 Cu 衬底上生长的圆形 h-BN 晶畴的 SEM 图像；(b) 具有圆形边缘的 h-BN 单晶阵列的 SEM 图像；
(c) 延长生长时间后，雪花状 h-BN 单晶阵列的 SEM 图像

高度流畅和光滑的表面允许 h-BN 晶畴自对准。最后，通过优化生长时间和气体流量，实现了晶圆级 h-BN 的制备。

3.2.3 液态金属催化剂制备过渡金属硫化物

尽管石墨烯在较宽的光谱范围内表现出优异的性能，但某些特定的缺陷限制了它在某些应用中的功能。例如，作为零带隙半导体，石墨烯并不适合用于晶体管等电子应用。因此，考虑到石墨烯的局限性，研究人员将研究重点转向为可调谐带隙半导体，即 TMDs。这种半导体可以直接生长在绝缘衬底上，省去了后续的转移步骤[66-69]。

近年来，液体催化剂被引入 TMDs 的 CVD 生长中[70-71]。液体绝缘衬底具有光滑的各向同性表面、快速的扩散速率和化学惰性，适合生长各种二维材料，即

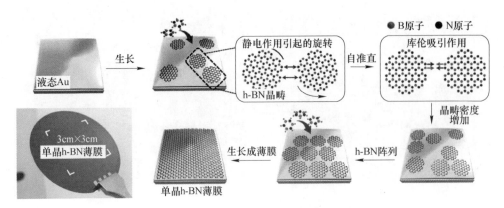

图 3-12　单晶 h-BN 薄膜的自准直生长流程示意图

使前驱体具有腐蚀特性。

基于液态熔融玻璃，一系列单层 TMDs 被成功地制备出来[72-74]。与传统的绝缘衬底相比，液态玻璃具备许多优点：急剧降低的成核密度与较高的前驱体浓度相结合，有效提高了 TMDs 的生长速度；液态玻璃不存在缺陷和波纹等高能位点，有利于大尺寸单晶 TMDs 的生长，增加了 TMDs 的尺寸。图 3-13 为在液态玻

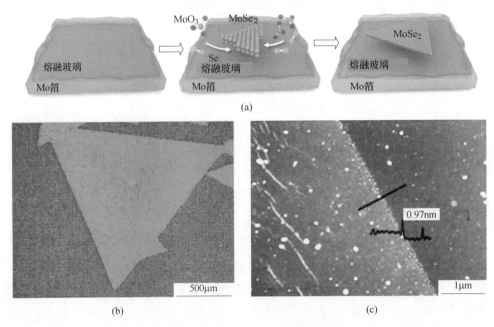

图 3-13　熔融玻璃上合成 $MoSe_2$ 晶体

(a) 熔融玻璃上合成 $MoSe_2$ 晶体的 CVD 示意图；(b) 生长在熔融玻璃上的
$MoSe_2$ 晶体的 OM 图像；(c) $MoSe_2$ 晶体的 AFM 图像

璃上制备 MoSe$_2$ 的流程示意图、OM 和 AFM 图像。在液态玻璃上制备的 TMDs 室温下的迁移率是在蓝宝石衬底上制备的 TMDs 的迁移率的 12 倍，可以为潜在的电子应用提供更好的电学性能[74]。

此外，液态金属蒸气辅助生长方法可用于实现二维材料在所选衬底上的自限制生长，这一点通过 Cu 辅助自限生长单层 WSe$_2$ 晶体得到了证明[75]，如图 3-14 所示。一般来说，在 CVD 生长过程中，层堆积和横向生长并存，这是形成多层结构的主要原因[76]。然而，虽然 TMDs 晶体结构复杂，但在液态金属或玻璃衬底上仍然能够形成规则的形状，这是由于 TMDs 不同的原子终端存在巨大的能量差异，并且硫族元素原子和过渡金属原子比例不同[77]。

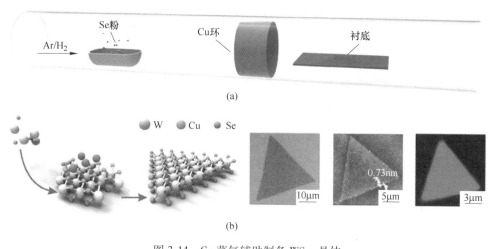

图 3-14 Cu 蒸气辅助制备 WSe$_2$ 晶体

(a) Cu 蒸气辅助 WSe$_2$ 晶体生长的 CVD 装置示意图；(b) 绝缘衬底上 WSe$_2$ 晶体自限制生长示意图和 WSe$_2$ 晶畴的 OM、AFM、PL 图像

到目前为止，在 LMCat 上制备 TMDs 的报道还很少，这主要是因为许多液态金属例如液态 Cu 和 Ga 很容易被硫族化物前驱体腐蚀，限制了 TMDs 的制备。此外，许多 TMDs 的晶体形状，例如三角形，抑制了它们在液体表面上形成连续的薄膜[61]。

3.2.4　液态 Cu 催化剂制备超薄 Mo$_2$C 纳米晶体的超导现象研究

Ren 团队[78]报道了利用 CVD，以 CH$_4$ 为碳源，在高于 1085℃ 的温度下，将 Cu 箔放在 Mo 箔上作为衬底，生长高质量的二维超薄 α-Mo$_2$C 晶体，晶体厚度为几纳米，横向尺寸超过 100μm。如图 3-15 所示，为他们制备的 Mo$_2$C 晶体的 OM

图像和 AFM 图像。从图 3-15（a）中能够看出制备的 Mo_2C 晶体具有规则的形状，包括三角形、四边形、六边形、八角形等，具有规则的形状是晶体的典型特征之一；图 3-15（b）的 OM 图像展示出制备的四边形 Mo_2C 晶体的横向尺寸能够达到 100μm；图 3-15（f）中六边形 Mo_2C 晶体的厚度仅为 6.7nm。

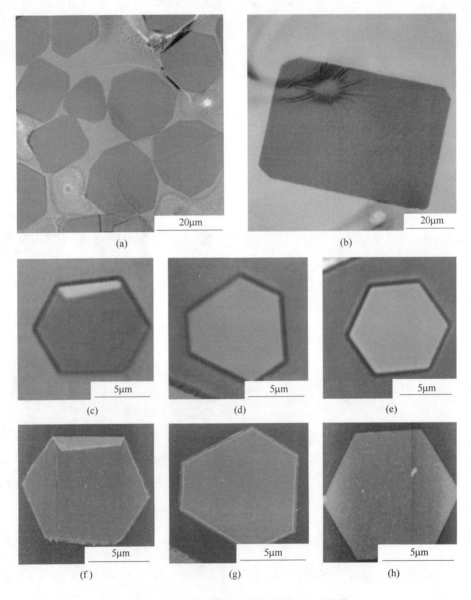

图 3-15　液态 Cu 衬底上制备超薄 Mo_2C 晶体

(a)~(e) OM 图像；(f)~(h) AFM 图像

图 3-16 展示了当激发电流为 1μA 时，厚度为 7.5nm 的 α-Mo$_2$C 晶体在各种垂直于其晶面的磁场强度下，表面电阻和温度的关系曲线。从图 3-16 中能够看出，在磁场为零时，Mo$_2$C 晶体的表面电阻在 3.6K 时开始下降，在 2.76K 时下降到零，表明此时晶体展现出超导性。随着磁场强度的增加，晶体展现超导性的温度降低。

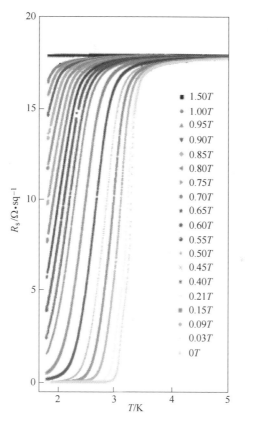

图 3-16 彩图

图 3-16　不同磁场强度下，Mo$_2$C 晶体的表面电阻和温度的关系曲线

Ren 团队[79]还报道了在液态 Cu 衬底上制备出 Cr 掺杂的超薄 Mo$_2$C 晶体。图 3-17（a）~（c）为实验流程示意图。他们以 Cu/Cr/Mo 箔作为衬底，以 CH$_4$ 作为 C 源。当温度为 1070℃时，在 Cu 和 Mo 之间形成了 Cr-Mo 合金，然后将生长温度设定为 1090℃，Cu 衬底熔化成液态，在 CH$_4$ 和 H$_2$ 气氛下在液态 Cu 衬底上制备出掺 Cr 的超薄 Mo$_2$C 晶体。OM 和 AFM 测试显示制备的掺 Cr 的 Mo$_2$C 晶体具有规则的形状，厚度在 5~20nm，并且晶体表面非常平整，如图 3-17（d）~（f）所示。

众所周知，Cr 的引入能够在基体中诱导磁矩的产生，随着掺杂量的增加，

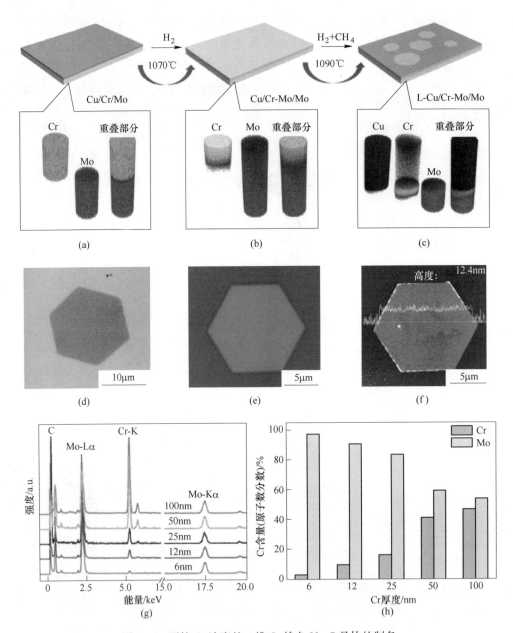

图 3-17 可控 Cr 浓度的二维 Cr 掺杂 Mo$_2$C 晶体的制备

(a)~(c) 制备流程示意图；(d) Cr 掺杂的六边形 Mo$_2$C 晶畴的 OM 图像；

(e)、(f) Cr 掺杂的六边形 Mo$_2$C 晶畴的 OM 图像和相应的 AFM 图像；

(g) Cr 掺杂的六边形 Mo$_2$C 晶畴的 DES 能谱；(h) Cr 含量随 Cr 厚度变化的柱状图

流动电子与局域磁矩之间的相互作用变得更强，电子的自旋散射增强。因此，可以通过改变 Cr 的掺杂量在宏观尺度上调节二维 Mo_2C 超导体的性能。Ren 团队对具有不同 Cr 掺杂浓度的二维 Mo_2C 晶体进行了低温输运测量，如图 3-18 所示，当 Mo_2C 晶体掺入 Cr 时，薄膜电阻上升，说明磁性杂质对薄膜的散射有增强作用。

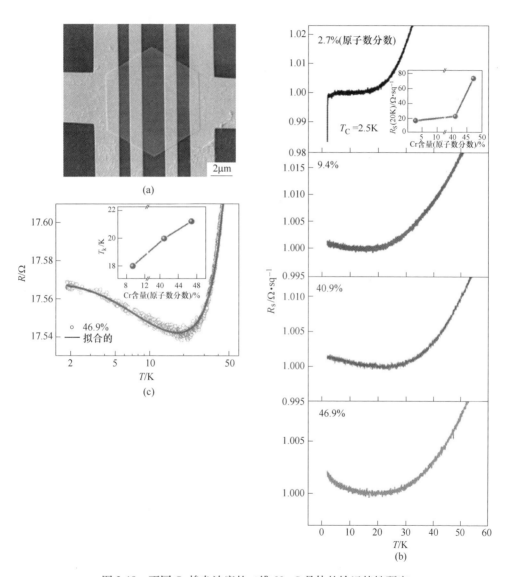

图 3-18　不同 Cr 掺杂浓度的二维 Mo_2C 晶体的输运特性研究

（a）Cr 掺杂的 Mo_2C 晶畴组装的四终端器件的 SEM 图像；

（b）不同 Cr 掺杂浓度下，与温度相关的器件片电阻的变化；

（c）当 Cr 掺杂浓度为 46.9% 时，器件片电阻与温度的关系曲线

D. C. Geng 等人[80]同样在液态 Cu 衬底上制备出形状规则的超薄 Mo_2C 晶体，并且研究了晶体的超导现象，如图 3-19 所示。

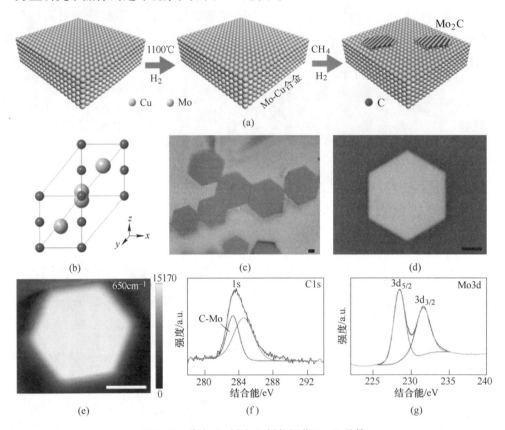

图 3-19　液态 Cu 衬底上制备超薄 Mo_2C 晶体

（a）制备的流程图；（b）Mo_2C 晶体结构示意图；（c）六边形 Mo_2C 晶畴的 OM 图像；（d），（e）单个 Mo_2C 晶畴的 OM 图像和拉曼面扫描；（f），（g）Mo_2C 晶体的 XPS 谱图

综上所述，利用液态 Cu 衬底进行 Mo_2C 纳米材料的生长，主要的实验过程是高温下 Cu 和 Mo 形成 Cu-Mo 合金，随后 Mo 原子扩散到液态 Cu 的表面，在 CH_4 和 H_2 气氛下碳化形成 Mo_2C，其中，Cu-Mo 合金的形成有效限制了 Mo 原子的量，有利于超薄 Mo_2C 的生长。

3.2.5　液态金属催化剂制备异质结

在 H. Wang 等人[81]的报道中有一个二维材料列表，它为研究人员提供了一个平台，可以从这个列表中选择所需功能的材料。另外，研究人员可以根据应用需要将这些材料构建成异质结结构[82]。为了尽可能地实现所选二维材料的性能，二维异质结构必须实现可控组装。一般来说,垂直异质结构的制备是指具有逐层转移的多重力学剥离,但是这种方法的收率很低,而且很容易发生界面污染[83-84]。

目前,CVD 技术被广泛应用于制备大规模的异质结构。利用 CVD 一步合成二维异质结构是一个具有重要意义的里程碑。使用 LMCat 来制备材料并且组合成异质结构,有利于材料的快速生长和提高异质结的质量。

最近,几个研究小组几乎同时报告了垂直 Mo_2C/石墨烯异质结构的成功生长[85-90],通过调整生长参数,例如 CH_4 流量、生长温度等,可以在目标衬底上改变 Mo_2C 和石墨烯的生长顺序,如图 3-20 所示。

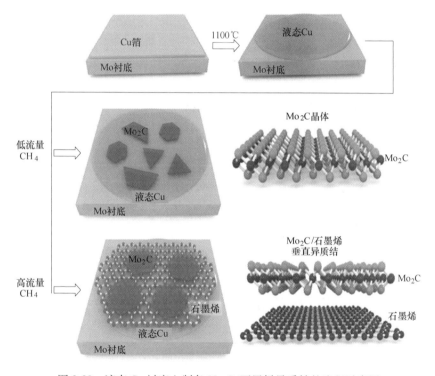

图 3-20 液态 Cu 衬底上制备 Mo_2C/石墨烯异质结的流程示意图

He 团队[91]报道了用常压 CVD 在液态 Au 表面合成大面积二维 Mo_2C 晶体。他们通过实验证明了在表面超平滑的液态 Au 衬底上生长的 Mo_2C 晶体与在固体 Au 衬底上生长的 Mo_2C 晶体具有不同的生长模式,并且通过控制 H_2 和 CH_4 的比例制备出 Mo_2C/石墨烯异质结。图 3-21 为在实验中,不同 H_2 流量对制备的 Mo_2C/石墨烯异质结的影响。从图 3-21(a)~(c)能够观察到,随着 H_2 的流量逐渐减小,制备的 Mo_2C 的密度也逐渐减小;图 3-21(d)~(f)的拉曼光谱证明了这个现象,当 H_2 流量为 100sccm 时,已经没有 Mo_2C 的信号峰。

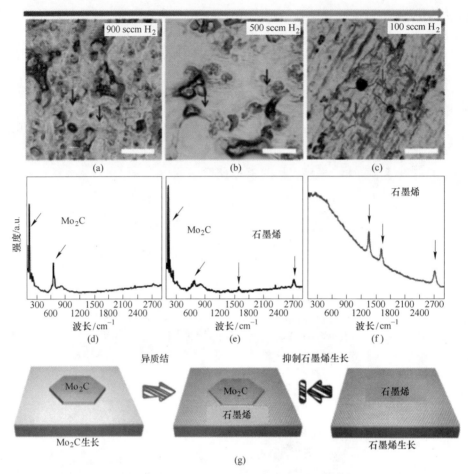

图 3-21 液态 Au 衬底上制备的 Mo_2C/石墨烯异质结

(a)~(c) OM 图像；(d)~(f) 拉曼光谱；(g) Mo_2C 和石墨烯的权衡生长机制示意图

通过对 Mo_2C 和 Mo_2C/石墨烯异质结进行电催化析氢反应（HER）催化性能对比，如图 3-22 所示，在合适的 H_2 流量下制备出的 Mo_2C/石墨烯异质结，当电流密度为 10mA/cm 时，其相对于可逆氢电极具有一个较低的过电势为 249mV，而 Mo_2C 相对于可逆氢电极的过电势则为 340mV，证明了 Mo_2C/石墨烯异质结能够显著提高酸性条件 HER 的催化性能。

Sun 团队[92]将在液态 Cu 衬底上制备出的超薄 Mo_2C/石墨烯异质结用于电催化氮还原反应（NRR），如图 3-23 所示。经过连续 5 个循环的 NRR 耐久试验，石墨烯/Mo_2C 催化剂显示出良好的耐久性能，法拉第电流效率保持在 101.0%，NH_3 产率也保持在 70.0%。

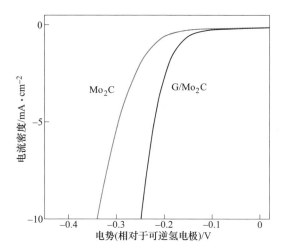

图 3-22 液态 Au 衬底上制备的 Mo_2C 和 Mo_2C/石墨烯异质结的 HER 性能测试

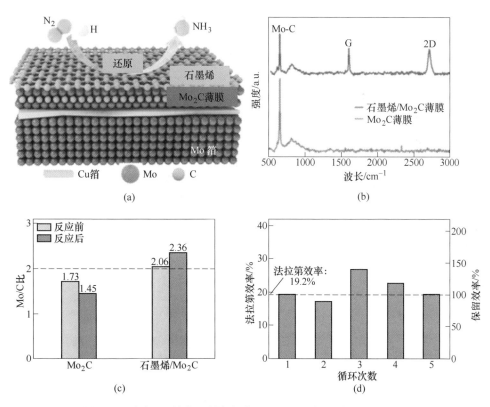

图 3-23 液态 Cu 衬底上制备超薄 Mo_2C/石墨烯异质结用于 NRR

(a) 反应示意图;(b) 制备的 Mo_2C 和 Mo_2C/石墨烯异质结的拉曼光谱;(c) Mo_2C 和 Mo_2C/石墨烯异质结在 NRR 前后 Mo/C 比的变化;(d) 不同循环次数下的法拉第效率和相应的保留效率

硫族原子可以很容易地腐蚀最常见的液态金属衬底[93]。因此，必须选择耐腐蚀的金属，或者设计耐腐蚀的合金来作为制备硫族化物的衬底。利用 CVD 在 LMCat 上制备 TMDs 常用的衬底是 Au 箔，因为惰性金属的性质，Au 很难与硫族元素反应。T. Zhang 等人[71]选用液态 Au 作为溶解 Re 和 W 的液体介质，降低了形成异质结的能量势垒。同时，Re 原子容易吸附在 $WS_2(001)$ 面上，这导致了 ReS_2 晶体的成核并且与 WS_2 形成异质结，如图 3-24 所示。

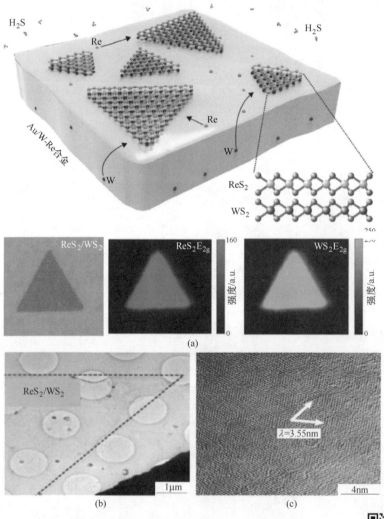

图 3-24　液态 Au 衬底上制备 ReS_2/WS_2 异质结
(a) 制备的原理图和三角形异质结的拉曼面扫描；(b) ReS_2/WS_2 异质结的低分辨 TEM 图像；(c) 高分辨 TEM 下，ReS_2/WS_2 异质结的莫尔条纹

图 3-24 彩图

C. Wang 等人[94]通过对石墨烯进行刻蚀,然后在刻蚀点中生长 h-BN,成功合成了 h-BN/石墨烯二维横向异质结结构。D. Geng 等人[95]通过石墨烯和 h-BN 交替生长的办法,同样制备出 h-BN/石墨烯二维横向异质结结构。他们发现,先生长出的石墨烯可以作为 h-BN 的生长模板,然后通过调节生长条件,例如 H_2 流量和生长时间,可制备出不同形状的 h-BN,如图 3-25 所示。

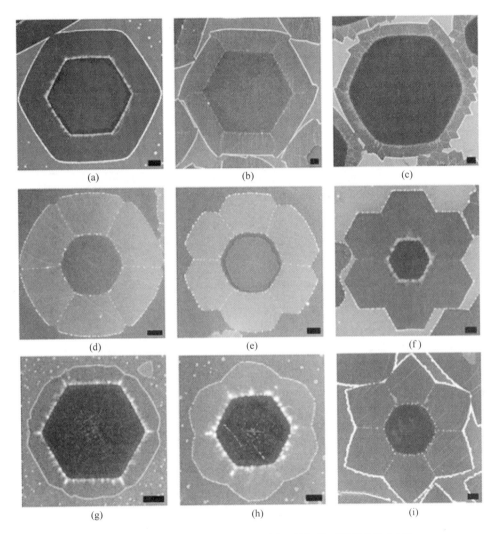

图 3-25 不同生长条件下,在石墨烯上制备的不同形状的 h-BN
(a) 20sccm H_2,6min;(b) 20sccm H_2,8min;(c) 20sccm H_2,12min;
(d) 40sccm H_2,6min;(e) 40sccm H_2,8min;(f) 40sccm H_2,12min;
(g) 60sccm H_2,6min;(h) 60sccm H_2,8min;(i) 60sccm H_2;12min

在液态金属表面制备其他二维纳米材料的实验条件和得到的实验结果见表3-2。

表 3-2　在液态金属表面制备其他二维纳米材料的实验条件和得到的实验结果

二维纳米材料	催化剂	生长条件		材料性质	参考文献
		生长温度/℃	生长时间/min		
h-BN	Ni(Ni-Mo)	1200~1500	720	体相	[60]
	Cu	1100	30	单层	[61]
	Cu	1100	40	1~10层	[62]
	Au	1100	90	晶畴尺寸14.5μm，单晶	[77]
MoS$_2$	玻璃	750	10	单层，10μm	[70]
		750	5~10	单层，20~40μm	[73]
		850~900	10	单层，大于500μm，24cm^2/(V·s)(室温)，80cm^2/(V·s)(20K)	[74]
WS$_2$	玻璃	850	5~10	单层和双层，20~40μm	[73]
WSe$_2$	Cu蒸气，Si/SiO$_2$	800	10	单层，5~20μm，45cm^2/(V·s)	[75]
α-Mo$_2$C	Cu/Mo	1086~1092	3~50	1~10层，5~100μm	[78]
WC	Cu/W			超薄，高结晶度	
TaC	Cu/Ta			超薄，高结晶度	
Mo$_2$C			60	低CH$_4$流量，体相	[85]
Mo$_2$C/石墨烯	Cu-Mo	1100	10~120	高CH$_4$流量，1~10层Mo$_2$C生长在单层石墨烯上	[85]
Mo$_2$C/石墨烯	Cu/Mo	1086	40	垂直异质结，具有不同的覆盖率	[86]
		1070~1090	0.1~10	垂直异质结	[87]
		>1085	5~60		[88]
		1090	10~120		[89]
	Cu-Sn/Mo	1000	30		[96]
	Au/Mo	1100	10~30		[18]

续表 3-2

二维纳米材料	催化剂	生长条件		材料性质	参考文献
		生长温度/℃	生长时间/min		
石墨烯/h-BN	Cu	1100	（石墨烯），5~8（BN）	横向异质结，高质量连续膜	[95]
		1100	0.5~1（石墨烯），4~7（BN）	横向异质结，各种形态	[94]
石墨烯/h-BN	Au	1100	10	垂直异质结	[76]
WS_2/h-BN	Au	900	15		
MoS_2/h-BN	Au	850	10		
WS_2/h-BN	Ni-Ga	1000	30		[97]
WC/石墨烯	Ga/W	980~1020	30	横向异质结	[98]
ReS_2/WS_2	Au/W-Re	1100（退火），900（生长）	10	单层 ReS_2/WS_2，15~40μm	[71]

3.3 液态金属催化剂制备过渡金属氧化物

3.3.1 实验方案

为了制备出二维或者超薄的 TMO，需要尽可能地降低过渡金属的量，于是采用文献中的方案，利用过渡金属原子在 Cu 中的溶解、扩散和析出过程来制备 TMO。图 3-26 为液态 Cu 表面制备 MoO_x 的示意图。首先将 1cm×1cm 的 Cu 箔和 Mo 箔进行标准的超声清洗，并用 Ar 吹干，然后将两种金属薄片叠加放置进入生长室内。在 Ar 气氛下升温至生长温度（大于 1083℃），在生长温度下，放在 Mo 箔上面的 Cu 箔熔化成液态，下面的 Mo 原子扩散进入液态 Cu 中，并且扩散至液态 Cu 表面，然后通入 O_2 进行生长，在液态 Cu 表面生长出 TMO。

图 3-26 液态 Cu 表面制备 MoO_x 示意图

3.3.2 金属在衬底上的团聚现象

在利用 Cu/Mo 或者 Au/Mo 合金制备氧化物时，在 Ar 或者 O_2 气氛下加热后，Mo 箔上的 Cu 箔或 Au 箔会团聚成球，如图 3-27 所示。

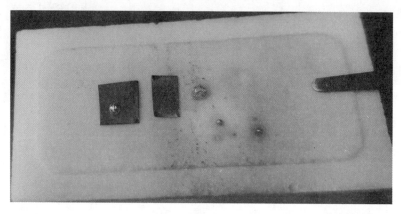

图 3-27 Ar 或 O_2 气氛下，1100℃加热后，Cu 或 Au 团聚成球的光学照片

团聚成球之后的 Cu 或 Au，不但与 Mo 箔形成的液固界面面积变小，最主要的由于是球体，导致下面的 Mo 很难扩散到 Cu 或 Au 表面，而且球体不符合之后利用液固界面限域生长 TMO 的要求，于是对 Cu 和 Au 成球的问题进行了研究。

当利用 CH_4 在液固界面制备 Mo_2C 时，并没有出现这种 Cu 或 Au 成球的现象，于是考虑 H 元素对成球具有一定的影响。接下来在 $Ar+H_2$ 气氛下对 Cu/Mo 和 Au/Mo 结构进行了加热，当温度为 1100℃甚至更高时，发现 Cu 和 Au 没有出现团聚成球现象，而是平铺在 Mo 箔上，如图 3-28 所示，证明了 H 元素能够阻止

图 3-28 $Ar+H_2$ 气氛下，1100℃加热之后，Cu 和 Au 平铺在 Mo 箔上的光学照片

Cu 和 Au 团聚成球。

3.3.3 Mo 在 Cu 或 Au 中的扩散

液态金属表面制备超薄氧化物的过程是：高温下 Mo 原子扩散进入熔化的 Cu 或者 Au 中，然后在液态金属表面析出并氧化形成氧化物，因此，Mo 元素在 Cu 和 Au 中的扩散是能否形成氧化物的最关键因素。将 Cu 和 Au 箔分别放于 Mo 箔之上并置于生长室之内，然后在 1100℃ 对其进行加热。如图 3-29 所示，为加热 60min 后对 Cu 和 Au 表面进行 SEM 和原子百分含量测试的结果，结果显示在 Cu 和 Au 表面都有少量的 Mo 元素存在，Au 表面的 Mo 含量大于 Cu 表面的 Mo 含量，这个实验证明在高温下，Mo 元素能够扩散进入 Cu 和 Au 内部，并且在 Cu 和 Au 表面析出。

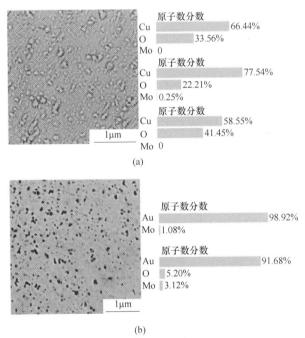

图 3-29　Cu/Mo 和 Au/Mo 在 H_2 气氛下加热 60min 之后的 SEM 图像和原子数分数
(a) Cu/Mo；(b) Au/Mo

3.3.4 液态金属表面制备 MoO_x

解决了 Cu 和 Au 成球和 Mo 的扩散问题，接下来进行了液态金属表面制备 MoO_x 的工作。由于生长过程中既要有氧化过程，又要有 H 来阻止 Cu 或 Au 团聚成球，因此氧化剂不能够用 O_2，于是选择 H_2O 作为氧化剂进行生长，利用 Ar 作

为载气将 H_2O 带入生长室内，如图 3-30 所示，为利用 H_2O 作为氧化剂时，Mo 箔上的 Cu 团聚成球的光学照片、SEM 图像和原子数分数测试。

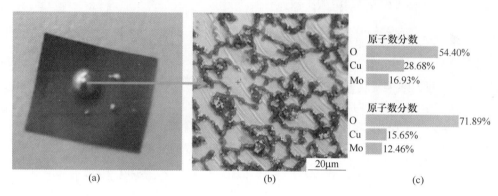

图 3-30　以 H_2O 作为氧化剂制备 MoO_x

(a) 1100℃加热之后，Mo 箔上的 Cu 团聚成球的光学照片；
(b) Cu 球表面的 SEM 图片；(c) Cu 球表面的原子百分含量测试

从图 3-30 (a) 中能够清晰地观察到，在以 H_2O 作为氧化剂时，Mo 箔表面的 Cu 又发生了团聚成球的现象，并且 Cu 表面非常不平整，不适合生长超薄 MoO_x。于是在反应气中引入 H_2 来阻止 Cu 的团聚成球，图 3-31 为不同 H_2O/H_2 比例下，在液态 Cu 表面制备的 MoO_x 的 SEM 图像。

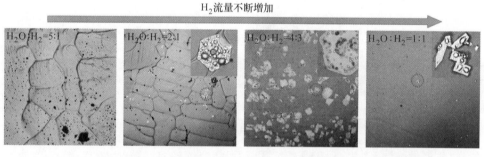

图 3-31　不同 H_2O/H_2 比例条件下，在液态 Cu 表面制备 MoO_x 的 SEM 图像

从图 3-31 中能够清晰地观察到，当 H_2O/H_2 为 2∶1 时，在液态 Cu 衬底上生长出少量六边形的 MoO_x 结构，尺寸大约为 100μm，但是六边形结构的表面非常不平整；当 H_2O/H_2 为 4∶3 时，液态 Cu 表面生长的 MoO_x 结构的尺寸和密度明显增大，但是形状不规则，表面也不平整；进一步增加 H_2 的流量，生长的 MoO_x 结构密度降低。图 3-32 为液态 Cu 表面制备的 MoO_x 结构的拉曼测试，证明了 MoO_x 结构的存在。

3.3 液态金属催化剂制备过渡金属氧化物 · 77 ·

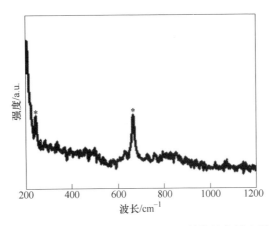

图 3-32 液态 Cu 表面制备的 MoO_x 结构的拉曼光谱

随后，选择 H_2O/H_2 为 4∶3 条件下，在液态 Au 表面制备 MoO_x，如图 3-33 所示，为液态 Au 表面制备 MoO_x 的光学和 SEM 图像。从图像中能够清晰地观察到，在液态 Au 的不同区域，能够生长出形貌和密度不同的 MoO_x 结构，但是

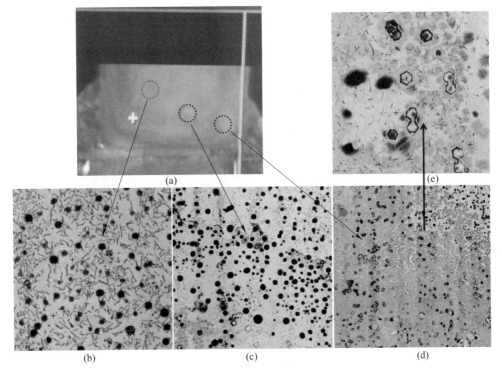

图 3-33 H_2O/H_2=4∶3 时，在液态 Au 表面制备 MoO_x
(a) OM 图像；(b)~(e) SEM 图像

MoO$_x$ 结构的表面都非常的不平整。

通过对液态 Cu 和液态 Au 表面制备的 MoO$_x$ 进行观察，发现制备的 MoO$_x$ 结构表面都不平整，分析原因：当 Mo 原子在液态金属表面析出并且被氧化之后，首先形成 MoO$_3$ 物种，但是 MoO$_3$ 的熔点仅为 795℃，沸点为 1155℃，在生长温度 1100℃ 或者更高的温度下，MoO$_3$ 熔化甚至沸腾，同时在这个过程中被还原成 MoO$_x$，导致表面不平整。

3.3.5 液态 Cu 表面制备 WO$_3$

由于 MoO$_3$ 在 Ar 气氛下 500℃ 以上开始挥发，并且在生长温度下 MoO$_3$ 熔化甚至沸腾并且还原成 MoO$_x$，导致其表面非常不平整，因此对在高于 Cu 的熔点以上的温度生长 MoO$_3$ 造成了极大的难度。而 WO$_3$ 要在 900℃ 以上才开始慢慢挥发，并且 WO$_3$ 的熔点高达 1473℃，在生长温度下可能不会出现 MoO$_x$ 那种表面不平整的现象，所以在液态 Cu 表面尝试了 WO$_3$ 的生长。如图 3-34 所示，为不

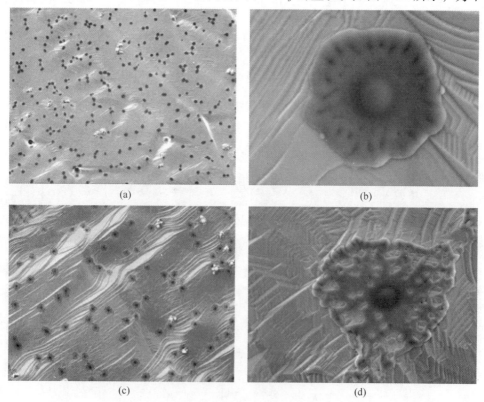

图 3-34 不同生长时间，在液态 Cu 表面制备的 WO$_3$ 的 SEM 图像

(a),(b) 生长时间为 120min；(c),(d) 生长时间为 240min

同生长时间下制备的 WO_3 的 SEM 图像,从图中能够清晰地观察到,当生长时间从 120min 增加到 240min 时,生长的花形结构的 WO_3 尺寸变大,密度变大,但是表面逐渐不完整。这是由于随着生长的进行,扩散到液态 Cu 表面的 W 元素越来越多,因此,形成的 WO_3 结构尺寸和密度增大;表面越来越不完整的原因可能是由于生长温度高于 900℃ 时,WO_3 开始挥发,并且挥发首先发生在其表面缺陷处。

对所制备的样品进行了拉曼测试,如图 3-35(a)所示,与相关文献[99]进行对比,确定制备的花瓣形形貌结构为 WO_3。

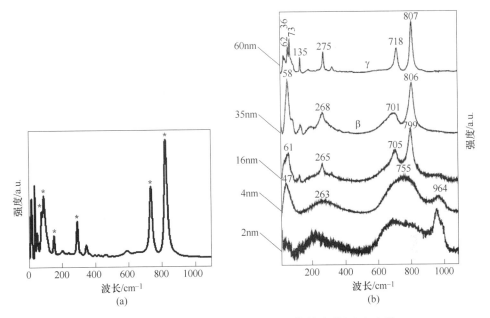

图 3-35 液态 Cu 衬底上制备的 WO_3 的拉曼光谱(a)和文献中报道的 WO_3 的拉曼光谱(b)[99]

3.4 合金限域生长 MoO_x

3.4.1 合金/Al_2O_3 限域生长 MoO_x

在液态金属(Cu 和 Au)表面制备二维或者超薄的 MoO_x 和 WO_3,存在一个共同的问题,就是制备的 TMO 结构表面不平整,因此,我们希望能够通过限域生长的手段实现二维或者超薄的 TMO。图 3-36 为合金限域生长 MoO_x 的示意图,首先将 Mo 箔,Cu 箔和 Al_2O_3 衬底堆叠成三明治结构,放入生长室以后,在生长温度高于 1083℃ 时,Cu 箔熔化并且与 Al_2O_3 衬底形成液固界面,同时最下面的

Mo 原子扩散进入液态 Cu 并且在 Cu/Al_2O_3 界面析出，此时通入 H_2O+H_2 作为反应气，最终在 Cu/Al_2O_3 界面限域生长出 MoO_x 结构。

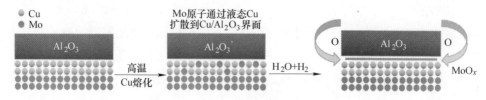

图 3-36　合金限域生长 MoO_x 的示意图

经过一系列生长参数优化，最终在 Cu/Al_2O_3 界面边缘制备出了形状规则的六边形 MoO_x 晶畴，如图 3-37 所示，为制备后的 Al_2O_3 的 OM 图像，从图中能够清晰地观察到在 Al_2O_3 的边缘有大量的密集的 MoO_x 结构生成，沿着 Al_2O_3 内部的方向，MoO_x 结构的密度逐渐减少。

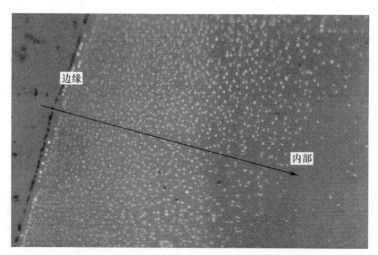

图 3-37　生长 MoO_x 后 Al_2O_3 表面的 OM 图像

分析原因，我们认为这是由于 O 的扩散不均匀造成的，O 元素只能够从 Cu/Al_2O_3 界面边缘向内部扩散，在边缘处和析出的 Mo 元素反应生成 MoO_x 结构。图 3-38 为在 Cu/Al_2O_3 界面生长的 MoO_x 结构的 SEM 图像。从图 3-28 中能够清晰地观察到角度一致、形状规则的六边形 MoO_x 结构，平均尺寸为 5μm，同时还有少量棒状的 MoO_x 结构生成。

对制备的六边形 MoO_x 结构进行 AFM 测试，如图 3-39（a）所示，当六边形 MoO_x 结构尺寸较大时（5μm），MoO_x 结构的厚度较厚，为 500nm；当六边形 MoO_x 结构尺寸较小时（1μm），如图 3-39（b）所示，MoO_x 结构的厚度小于 100nm。

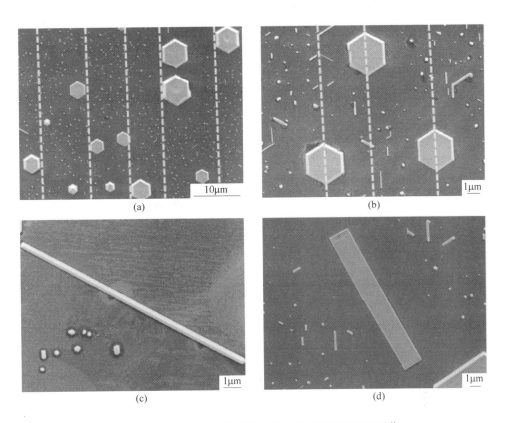

图 3-38 在 Cu/Al$_2$O$_3$ 界面生长的 MoO$_x$ 结构的 SEM 图像

(a),(b) 六边形 MoO$_x$;(c) 棒状 MoO$_x$;(d) 板状 MoO$_x$

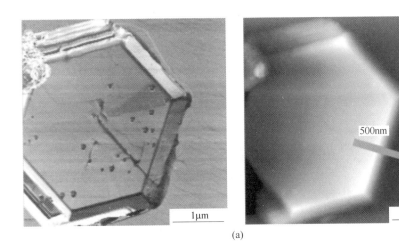

(a)

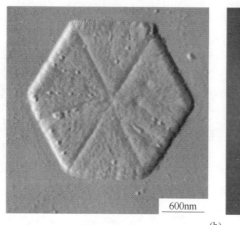
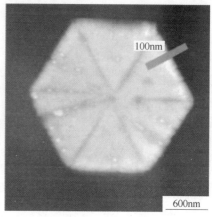

(b)

图 3-39 在 Cu/Al_2O_3 界面生长的 MoO_x 结构的 AFM 图像

(a) 5μm 的六边形厚度为 500nm；(b) 1μm 的六边形厚度为 100nm

图 3-40 为对制备的六边形 MoO_x 结构进行的 EDS，Raman 和 XRD 测试结果。从图 3-40（a）中看出 Mo 和 O 元素均匀地分布在整个六边形结构中；在拉曼光谱中，出现了位置在 $127cm^{-1}$、$203cm^{-1}$、$229cm^{-1}$、$346cm^{-1}$、$363cm^{-1}$、$459cm^{-1}$、$495cm^{-1}$、$569cm^{-1}$ 和 $739cm^{-1}$ 的特征峰，经过查找文献，证明所制备的 MoO_x 结构为 $m-MoO_2$[100]；XRD 测试结果如图 3-40（c）所示，同样证明了制备的 MoO_x 结构为 $m-MoO_2$（PDF#32-0671）[101]。

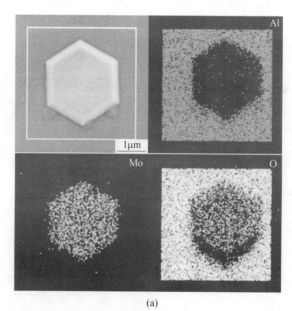

(a)

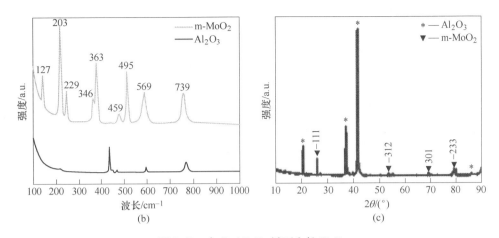

图 3-40 在 Cu/Al$_2$O$_3$ 界面生长 MoO$_x$

(a) SEM 和 EDS 图像；(b) 拉曼光谱；(c) XRD 谱图

图 3-41 为在 Cu/Al$_2$O$_3$ 界面生长的 MoO$_2$ 棒状结构的 SEM 图像和 EDS 面扫描

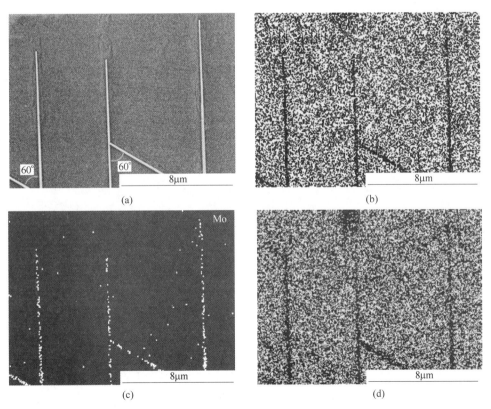

图 3-41 在 Cu/Al$_2$O$_3$ 界面生长的 MoO$_2$ 棒状结构

(a) SEM 图像；(b)~(d) EDS 面扫描

结果，从图 3-41（a）中能够清晰地观察到棒状结构呈现平行或 60°的夹角的位置关系，这与六边形结构的同角度分布类似；从图 3-41（c）~（d）能够看出，Mo 和 O 元素在棒状结构上的分布也是非常均匀的。

经过上述实验结果分析，证明了能够在 Cu/Al_2O_3 界面生长出表面平整的 MoO_2 结构，但是由于 O 的扩散问题，导致只能够在 Cu/Al_2O_3 界面的边缘生长，液固界面的内部没有 MoO_2 结构生成。

3.4.2 合金/YSZ 限域生长 MoO_x

Y 稳定的二氧化锆（YSZ）是一种很好的高温（600~1000℃）氧离子的导电材料，在 YSZ 的晶格内存在大量的氧空位，从而使它成为氧离子导体。因此，考虑利用 Mo/Au(Cu)/YSZ 限域生长 MoO_x。

图 3-42 为相应的实验流程图，在实验中利用 YSZ 的氧离子导体的特点，使生长过程中的 O 元素能够扩散传导到 Au/YSZ 界面，从而在整个 Au/YSZ 界面制备出均匀分布的 MoO_x 结构。

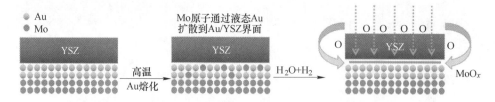

图 3-42　利用 Mo/Au/YSZ 限域生长 MoO_x 的实验流程图

图 3-43 为在 Au/YSZ 界面制备的 MoO_x 的 OM 图像，从图 3-43（a）和（b）中能够清晰地观察到在 YSZ 表面生长出分布均匀的四边形 MoO_x 结构，从图 3-43（c）和（d）的放大图中，能够透过四边形 MoO_x 结构观察到下面衬底的形貌，这说明生长的 MoO_x 结构很薄。

图 3-44 为在 Cu/YSZ 界面制备的 MoO_x 的 SEM 图像和 EDS 面扫描结果，从图 3-44（a）中能够清晰地观察到四边形结构的 MoO_x 平行排列，如图中绿色虚线所示，对其中一个四边形结构进行 EDS 面扫描测试，如图 3-44（b）和（d）所示，能够看出 Mo 元素和 O 元素均匀地分布在四边形结构中。

虽然利用 YSZ 氧离子导体的性质在 Au(Cu)/YSZ 界面制备出四边形的 MoO_x 结构，但是发现制备之后的 YSZ 表面并不像 Al_2O_3 表面那样干净平整。如图 3-44（a）和（b）所示，能够清晰地观察到在 YSZ 表面除了四边形的 MoO_x 结构以外，还有一些其他类似"杂质或污染"的形貌。经过 EDS 点扫描分析，

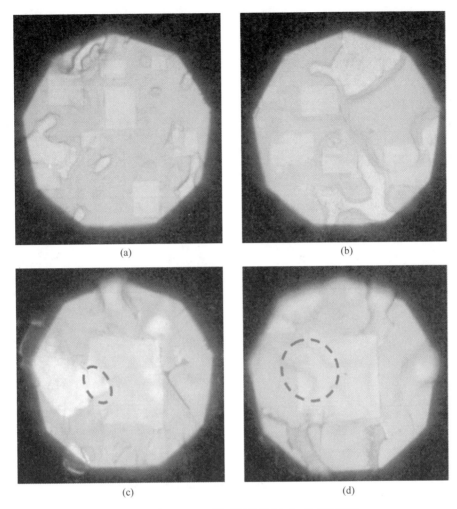

图 3-43　在 Au/YSZ 界面制备的 MoO_x 的 OM 图像

(a),(b) 200 倍图像；(c),(d) 500 倍图像

如图 3-45 所示，四边形以外的区域主要为 Zr、O 和 Mo 元素，没有其他杂质元素出现。

同样在 Au/YSZ 界面也观察到了同样的现象，如图 3-46 所示，为在 Au/YSZ 界面制备的 MoO_x 的 SEM 图像，能够清晰地观察到在 YSZ 表面，除了四边形的 MoO_x 结构，还有一层起伏不平的结构，如图中红色虚线所示。

于是考虑是否因为生长温度过高，导致 YSZ 表面出现起伏形貌。将洗干净的 YSZ 衬底放入生长室，在 1100℃ 时，分别在 Ar 和 O_2 气氛中退火 60min，然后对两个样品进行表面形貌观测和元素分析，如图 3-47 所示，为 YSZ 退火后的 SEM

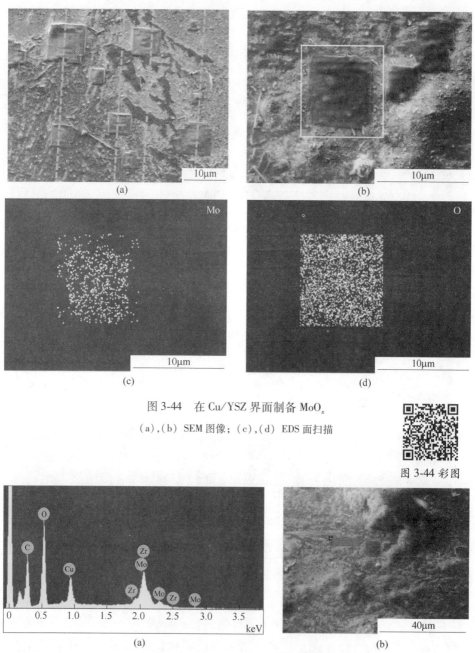

图 3-44 在 Cu/YSZ 界面制备 MoO_x

(a),(b) SEM 图像；(c),(d) EDS 面扫描

图 3-44 彩图

图 3-45 生长后 YSZ 表面元素和形貌测试

(a) EDS 能谱；(b) SEM 图像

图像和 EDS 分析。从图 3-47 中能够清晰地观察到 YSZ 表面非常平整，并没有出现之前的起伏不平形貌，EDS 结果显示 YSZ 表面没有其他杂质元素生成。

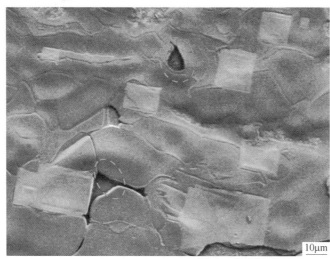

图 3-46　在 Au/YSZ 界面制备的 MoO$_x$ 的 SEM 图像

图 3-46 彩图

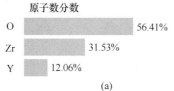
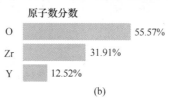

图 3-47　温度为 1100℃时，YSZ 衬底退火后的 SEM 图像和原子数分数测试

(a) Ar 气氛下退火；(b) O$_2$ 气氛下退火

因此推断，当形成液固界面以后进行 MoO$_x$ 生长，YSZ 表面起伏不平的形貌是液固界面或者是 Cu(Au) 残留在 YSZ 表面所引起的。

3.5 合金/Al_2O_3 限域生长 Mo_2C

我们还利用 Mo/Cu/Al_2O_3 结构进行了 Mo_2C 的限域制备,图 3-48 为实验流程示意图,实验过程与限域制备 MoO_x 类似,Mo 元素扩散进入液态 Cu,然后在 Cu/Al_2O_3 界面析出并且碳化形成 Mo_2C。

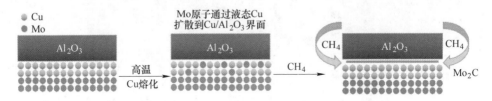

图 3-48 利用 Mo/Cu/Al_2O_3 结构限域制备 Mo_2C 的实验流程图

图 3-49 为在 Cu/Al_2O_3 界面制备出的 Mo_2C 的 SEM 图像,从图 3-49(a)中能够清晰地观察到在 Cu/Al_2O_3 界面边缘生长出密度较大的 Mo_2C 结构,而靠近液固界面中心的位置没有生长出 Mo_2C 结构,与利用 Cu/Al_2O_3 界面制备 MoO_x 的结

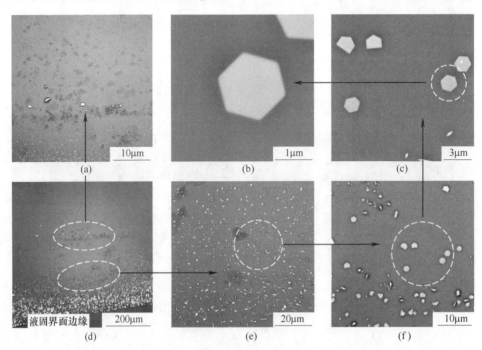

图 3-49 在 Cu/Al_2O_3 界面制备 Mo_2C 的 SEM 图像
(a) 液固界面边缘的 SEM 图像;(b)~(f) 不同位置放大后的 SEM 图像

果相同,这里是由于 C 的扩散不均匀造成的。图 3-49 (c)~(f) 为逐渐放大的 SEM 图像,能够看出在界面边缘生长处六边形和五边形的 Mo_2C 结构,尺寸大约为 $1\mu m$。

图 3-50 为生长的 Mo_2C 的 SEM 和 EDS 测试结果。六边形 Mo_2C 以相同的角度平行排列,如图 3-50 (a) 所示,尺寸约为 $10\mu m$,并且表面非常平整。从 EDS 面扫描能够看出,Mo 元素和 C 元素均匀地分布在整个六边形中。

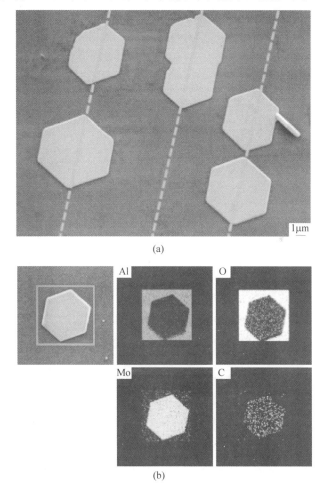

图 3-50 在 Cu/Al_2O_3 界面制备 Mo_2C
(a) SEM 图像;(b) EDS 面扫描

对制备的六边形和五边形 Mo_2C 进行 AFM 测试,如图 3-51 所示,五边形和六边形 Mo_2C 的厚度分别约为 25nm 和 260nm,而且从 AFM 测试同样能够看出,Mo_2C 结构的表面非常平整。

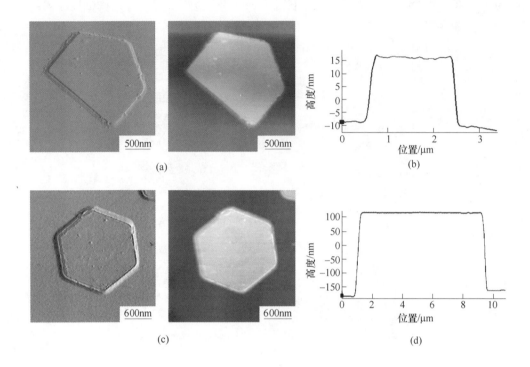

图 3-51　在 Cu/Al$_2$O$_3$ 界面制备的 Mo$_2$C 晶畴的 AFM 图像和对应的高度图
(a),(b) 五边形 Mo$_2$C 晶畴的 AFM 图像和对应的高度图；
(c),(d) 六边形 Mo$_2$C 晶畴的 AFM 图像和对应的高度图

3.6　本章小结

本章首先介绍了利用液态催化剂制备石墨烯、Mo$_2$C 等纳米材料的研究进展，然后根据作者自身的实验内容详细介绍了利用液态金属催化剂制备 MoO$_x$ 和 WO$_3$ 的工作，由于在液态金属表面进行材料的生长需要较高的温度（1084℃以上），这个较高的生长温度高于所制备材料的熔点甚至沸点，导致所制备的材料表面非常的不平整。其次介绍了利用合金/Al$_2$O$_3$(YSZ) 液固界面限域生长二维或超薄的 MoO$_x$ 和 Mo$_2$C，通过一系列的实验，最终在 Cu/Al$_2$O$_3$ 液固界面的边缘制备出最薄厚度约为 25nm 的 Mo$_2$C 晶畴，在 Au/YSZ 液固界面制备出较薄的四边形 MoO$_x$ 晶畴。

参 考 文 献

[1] Novoselov K S, Geim A K, Morozov S V, et al. Electric field effect in atomically thin carbon films [J]. Science, 2004, 306 (5696): 666-669.

[2] Hong Y L, Liu Z, Wang L, et al. Chemical vapor deposition of layered two-dimensional $MoSi_2N_4$ materials [J]. Science, 2020, 369 (6504): 670-674.

[3] Liu H F, Wong S L, Chi D Z, et al. CVD growth of MoS_2-based two-dimensional materials [J]. Chem. Vap. Deposition, 2015, 21: 241-259.

[4] Li X S, Cai W W. An J H. Large-area synthesis of high-quality and uniform graphene films on copper foils [J]. Science, 2009, 324 (5932): 1312-1314.

[5] Wu T, Zhang X, Yuan Q, et al. Fast growth of inch-sized single-crystalline graphene from a controlled single nucleus on Cu-Ni alloys [J]. Nat. Mater., 2016, 15 (1): 43-47.

[6] Hao Y, Wang L, Liu Y, et al. Oxygen-activated growth and bandgap tunability of large single-crystal bilayer graphene [J]. Nat. Nano-technol., 2016, 11 (5): 426-431.

[7] Wang L, Xu X, Zhang L, et al. Epitaxial growth of a 100-square-centimetre single-crystal hexagonal boron nitride monolayer on copper [J]. Nature, 2019, 570 (7759): 91-95.

[8] Liu C, Xu X, Qiu L, et al. Kinetic modulation of graphene growth by fluorine through spatially confined decomposition of metal fluorides [J]. Nat. Chem., 2019, 11 (8): 730-736.

[9] Yuan Q, Yakobson B I, Ding F, et al. Edge-catalyst wetting and orientation control of graphene growth by chemical vapor deposition growth [J]. J. Phys. Chem. Lett., 2014, 5 (18): 3093-3099.

[10] Geng D, Wang H, Yu G, et al. Graphene single crystals: size and morphology engineering [J]. Adv. Mater., 2015, 27 (18): 2821-2837.

[11] Liu C, Wang L, Qi J, et al. Designed growth of large-size 2d single crystals [J]. Adv. Mater., 2020, 32 (19): 2000046.

[12] Luo B, Chen B, Meng L, et al. Layer-stacking growth and electrical transport of hierarchical graphene architectures [J]. Adv. Mater., 2014, 26 (20): 3218-3224.

[13] Geng D, Meng L, Chen B, et al. Controlled growth of single-crystal twelve-pointed graphene grains on a liquid Cu surface [J]. Adv. Mater., 2014, 26 (37): 6423-6429.

[14] Geng D, Luo B, Xu J, et al. Self-aligned single-crystal graphene grains [J]. Adv. Funct. Mater., 2014, 24: 1664-1670.

[15] Geng D, Wang H, Wan Y, et al. Direct top-down fabrication of large-area graphene arrays by an in situ etching method [J]. Adv. Mater., 2015, 27 (28): 4195-4199.

[16] Li X, Magnuson C W, Venugopal A, et al. Large-area graphene single crystals grown by low-pressure chemical vapor deposition of methane on copper [J]. J. Am. Chem. Soc., 2011, 133 (9): 2816-2819.

[17] Xu C, Wang L, Liu Z, et al. Large-area high-quality 2D ultrathin Mo_2C superconducting crystals [J]. Nat. Mater., 2015, 14 (11): 1135-1141.

[18] Sun W, Wang X, Feng J, et al. Controlled synthesis of 2D Mo_2C/graphene heterostructure on liquid Au substrates as enhanced electrocatalytic electrodes [J]. Nat. Nanotechnol., 2019, 30 (38): 385601.

[19] Zeng M, Chen Y, Li J, et al. 2D WC single crystal. embedded in graphene for enhancing hydrogen evolution reaction [J]. Nano Energy., 2017, 33: 356-362.

[20] Wang B, Zhang H R, Zhang Y H. Effect of Cu substrate roughness on growth of graphene domain at atmospheric pressure [J]. Mater. Lett., 2014, 131: 138-140.

[21] Geng D, Wu B, Guo Y, et al. Uniform hexagonal graphene flakes and films grown on liquid copper surface [J]. Proc. Natl. Acad. Sci. USA., 2012, 109 (21): 7992-7996.

[22] Weatherup R S, Amara H, Blume R, et al. Interdependency of subsurface carbon distribution and graphene-catalyst interaction [J]. J. Am. Chem. Soc., 2014, 136 (39): 13698-13708.

[23] Zheng S, Zeng M, Cao H, et al. Insight into the rapid growth of graphene single crystals on liquid metal via chemical vapor deposition [J]. Sci. China Mater., 2019, 62 (8): 1087-1095.

[24] Guo W, Jing F, Xiao J, et al. Oxidative-etching-assisted synthesis of centimeter-sized single-crystalline graphene [J]. Adv. Mater., 2016, 28 (16): 3152-3158.

[25] Cummings A W, Duong D L, Nguyen V L, et al. Charge transport in polycrystalline graphene: challenges and opportunities [J]. Adv. Mater., 2014, 26 (30): 5079-5094.

[26] Zeng M, Wang L, Liu J, et al. Self-assembly of graphene single crystals with uniform size and orientation: the first 2d super-ordered structure [J]. J. Am. Chem. Soc., 2016, 138 (25): 7812-7815.

[27] Tan L, Zeng M, Zhang T, et al. Design of catal ytic substrates for uniform graphene films: from solid-metal to liquid-metal [J]. Nanoscale, 2015, 7 (20): 9105-9121.

[28] Geng D, Luo B, Xu J, et al. Self-aligned single-crystal graphene grains [J]. Adv. Funct. Mater., 2014, 24 (12): 1664-1670.

[29] Xue X, Xu Q, Wang H, et al. Gas-flow-driven aligned growth of graphene on liquid copper [J]. Chem. Mater., 2019, 31 (4): 1231-1236.

[30] Geng D, Wang H, Yu G, et al. Graphene single crystals: size and morphology engineering [J]. Adv. Mater., 2015, 27 (18): 2821-2837.

[31] Liu J, Wu J, Edwards C M, et al. Triangular graphene grain growth on cube-textured Cu substrates [J]. Adv. Funct. Mater., 2011, 21 (10): 3868-3874.

[32] Mohsin A, Liu L, Liu P, et al. Synthesis of millimeter-size hexagon-shaped graphene single crystals on resolidified copper [J]. ACS Nano., 2013, 7 (10): 8924-8931.

[33] Wang H, Wang G, Bao P, et al. Controllable synthesis of submillimeter single-crystal

monolayer graphene domains on copper foils by suppressing nucleation [J]. J. Am. Chem. Soc., 2012, 134 (8): 3627-3630.

[34] Wu B, Geng D, Xu Z, et al. Self-organized graphene crystal patterns [J]. NPG Asia Mater., 2013, 5 (2): 36.

[35] Geng D, Meng L, Chen B, et al. Controlled growth of single-crystal twelve-pointed graphene grains on a liquid cu surface [J]. Adv. Mater., 2014, 26 (37): 6423-6429.

[36] Zhang Y, Li Z, Kim P, et al. Anisotropic hydrogen etching of chemical vapor deposited graphene [J]. ACS Nano., 2012, 6 (1): 126-132.

[37] Li Z, Wu P, Wang C, et al. Low-temperature growth of graphene by chemical vapor deposition using solid and liquid carbon sources [J]. ACS Nano., 2011, 5 (4): 3385-3390.

[38] Ueki R, Nishijima T, Hikata T, et al. In-situ observation of surface graphitization of gallium droplet and concentration of carbon in liquid gallium [J]. J. Appl. Phys., 2012, 51: 06FD28.

[39] Fujita J I, Hiyama T, Hirukawa A, et al. Near room temperature chemical vapor deposition of graphene with diluted methane and molten gallium catalyst [J]. Sci. Rep., 2017, 7 (1): 12371.

[40] Murakami K, Tanaka S, Hirukawa A, et al. Direct synthesis of large area graphene on insulating substrate by gallium vapor-assisted chemical vapor deposition [J]. Appl. Phys. Lett., 2015, 106: 093112.

[41] Hiyama T, Murakami K, Kuwajima T, et al. Low-temperature growth of graphene using interfacial catalysis of molten gallium and diluted methane chemical vapor deposition [J]. Appl. Phys. Express., 2015, 8: 095102.

[42] Fujita J I, Ueki R, Miyazawa Y, et al. Graphitization at interface between amorphous carbon and liquid gallium for fabricating large area graphene sheets [J]. J. Vac. Sci. Technol. B: Microelectron Nanometer Struct. -Process. Meas. Phenom., 2009, 27: 3063-3066.

[43] Wang J, Zeng M, Tan L, et al. High-mobility graphene on liquid p-block elements by ultra-low-loss CVD growth [J]. Sci. Rep., 2013, 3: 2670.

[44] Amini S, Garay J, Liu G, et al. Growth of large-area graphene films from metal-carbon melts [J]. J. Appl. Phys., 2010, 108: 094321.

[45] Chen L, Kong Z, Yue S, et al. Growth of uniform monolayer graphene using iron-group metals via the formation of an antiperovskite layer [J]. Chem. Mater., 2015, 27: 8230-8236.

[46] Zang X, Zhou Q, Chang J, et al. synthesis of single-layer graphene on nickel using a droplet CVD process [J]. Adv. Mater. Interfaces., 2017, 4: 1600783.

[47] Nanda K K. Size-dependent melting of nanoparticles: hundred years of thermodynamic model [J]. Pramana: Journal of Physics, 2009, 72 (4): 617-628.

[48] Wang J, Chen L, Wu N, et al. Uniform graphene on liquid metal by chemical vapor deposition at reduced temperature [J]. Carbon., 2016, 96: 799-804.

[49] Tsakonas C, Dimitropoulos M, Manikas A C. Growth and in situ characterization of 2D materials by chemical vapor deposition on liquid metal catalysts: a review [J]. Nanoscale, 2021, 13 (6): 3346-3373.

[50] Geng D, Luo B, Xu J, et al. Self-aligned single-crystal graphene grains [J]. Adv. Funct. Mater., 2014, 24: 1664-1670.

[51] Xin X, Xu C, Zhang D, et al. Ultrafast transition of nonuniform graphene to high-quality uniform monolayer films on liquid Cu [J]. ACS Appl. Mater. Interfaces., 2019, 11 (19): 17629-17636.

[52] Ding G, Zhu Y, Wang S, et al. Chemical vapor deposition of graphene on liquid metal catalysts [J]. Carbon, 2013, 53: 321-326.

[53] Zhang K, Feng Y, Wang F, et al. Two dimensional hexagonal boron nitride (2D-hBN): synthesis. properties and applications [J]. J. Mater. Chem. C., 2017, 5: 11992-12022.

[54] Dean C R, Young A F, Meric I, et al. Boron nitride substrates for high-quality graphene electronics [J]. Nat. Nanotechnol., 2010, 5 (10): 722-726.

[55] Li L H, Chen Y. Tomically thin boron nitride: unique properties and applications [J]. Adv. Funct. Mater., 2016, 26: 2594-2608.

[56] Wang L, Wu B, Chen J, et al. Monolayer hexagonal boron nitride films with large domain size and clean interface for enhancing the mobility of graphene-based field-effect transistors [J]. Adv. Mater., 2014, 26 (10): 1559-1564.

[57] Wang L, Wu B, Jiang L, et al. Growth and etching of monolayer hexagonal boron nitride [J]. Adv. Mater., 2015, 27 (33): 4858-4864.

[58] Kim K K, Hsu A, Jia X, et al. Synthesis of monolayer hexagonal boron nitride on Cu foil using chemical vapor deposition [J]. Nano Lett., 2012, 12 (1): 161-166.

[59] Lu G, Wu T, Yuan Q, et al. Synthesis of large single-crystal hexagonal boron nitride grains on Cu-Ni alloy [J]. Nat. Commun., 2015, 6: 6160.

[60] Kubota Y, Watanabe K, Tsuda O, et al. Deep ultraviolet light-emitting hexagonal boron nitride synthesized at atmospheric pressure [J]. Science, 2007, 317 (5840): 932-934.

[61] Tan L, Han J, Mendes R G, et al. Self-aligned single-crystalline hexagonal boron nitride arrays: toward higher integrated electronic devices [J]. Adv. Electron Mater., 2015, 1: 1500223.

[62] Khan M H, Huang Z, Xiao F, et al. Synthesis of large and few atomic layers of hexagonal boron nitride on melted copper [J]. Sci. Rep., 2015, 5: 7743.

[63] Mohsin A, Liu L, Liu P, et al. Synthesis of millimeter-size hexagon-shaped graphene single crystals on resolidified copper [J]. ACS Nano., 2013, 7 (10): 8924-8931.

[64] Hao Y, Bharathi M S, Wang L, et al. The role of surface oxygen in the growth of large single-crystal graphene on copper [J]. Science, 2013, 342 (6159): 720-723.

[65] Lee J S, Choi S H, Yun S J, et al. Wafer-scale single-crystal. hexagonal boron nitride film via self-collimated grain formation [J]. Science, 2018, 362 (6416): 817-821.

[66] Liu B, Zhao W, Ding Z, et al. Engineering bandgaps of monolayer MoS_2 and WS_2 on fluoropolymer substrates by electrostatically tuned many-body effects [J]. Adv. Mater., 2016, 28 (30): 6457-6464.

[67] Chen J, Liu B, Liu Y, et al. Chemical vapor deposition of large-sized hexagonal WSe_2 crystals on dielectric substrates [J]. Adv. Mater., 2015. 27 (42): 6722-6727.

[68] Van der Zande A M, Huang P Y, Chenet D A, et al. Grains and grain boundaries in highly crystalline monolayer molybdenum disulphide [J]. Nat. Mater., 2013. 12 (6): 554-561.

[69] Wan Y, Zhang H, Zhang K, et al. Large-scale synthesis and systematic photoluminescence properties of monolayer MoS_2 on fused silica [J]. ACS Appl. Mater. Interfaces., 2016, 8 (28): 18570-18576.

[70] Ju M, Liang X, Liu J, et al. Universal substrate-trapping strategy to grow strictly monolayer transition metal dichalcogenides crystals [J]. Chem. Mater., 2017, 29: 6095-6103.

[71] Zhang T, Jiang B, Xu Z, et al. Twinned growth behaviour of two-dimensional materials [J]. Nat. Commun., 2016, 7: 13911.

[72] Chen J, Zhao X, Tan S J R, et al. Chemical vapor deposition of large-size monolayer $MoSe_2$ crystals on molten glass [J]. J. Am. Chem. Soc., 2017. 139 (3): 1073-1076.

[73] Xu D, Chen W, Zeng M, et al. Crystal-field tuning of photoluminescence in two-dimensional materials with embedded lanthanide ions [J]. Angew. Chem. Int Ed., 2018, 57 (3): 755-759.

[74] Zhang Z, Xu X, Song J, et al. High-performance transistors based on monolayer CVD MoS_2 grown on molten glass [J]. Appl. Phys. Lett., 2018, 113: 202103.

[75] Liu J, Zeng M, Wang L, et al. Ultrafast self-limited growth of strictly monolayer WSe_2 crystals [J]. Small, 2016, 12 (41): 5741-5749.

[76] Zhou H, Wang C, Shaw J C, et al. Large area growth and electrical properties of p-type WSe_2 atomic layers [J]. Nano Lett., 2015, 15 (1): 709-713.

[77] Wang S, Rong Y, Fan Y, et al. Shape evolution of monolayer MoS_2 crystals grown by chemical vapor deposition [J]. Chem. Mater., 2014, 26: 6371-6379.

[78] Xu C, Wang L B, Liu Z B, et al. Large-area high-quality 2D ultrathin Mo_2C superconducting crystals [J]. Nat. Mater., 2015, 14 (11): 1135-1141.

[79] Xu C, Liu Z, Zhang Z Y, et al. Superhigh uniform magnetic cr substitution in a 2d Mo_2C superconductor for a macroscopic-scale kondo effect [J]. Adv. Mater., 2020, 2002825: 1-10.

[80] Geng D C, Zhao X X, Li L J, et al. Controlled growth of ultrathin Mo_2C superconducting crystals on liquid Cu surface [J]. 2D Mater., 2017, 4: 011012.

[81] Wang H, Liu F, Fu W, et al. Two-dimensional heterostructures: fabrication. characterization. and

application [J]. Nanoscale, 2014, 6 (21): 12250-12272.

[82] Novoselov K S, Mishchenko A, Carvalho A, et al. 2D materials and van der waals heterostructures [J]. Science, 2016, 353 (6298): aac9439.

[83] Schwartz J J, Chuang H J, Rosenberger M R, et al. Chemical identification of interlayer contaminants within van der waals heterostructures [J]. ACS Appl. Mater. Interfaces., 2019, 11 (28): 25578-25585.

[84] Purdie D G, Pugno N M, Taniguchi T, et al. Cleaning interfaces in layered materials heterostructures [J]. Nat. Commun., 2018, 9 (1): 5387.

[85] Geng D, Zhao X, Chen Z, et al. Direct synthesis of large-area 2D Mo_2C on in situ grown graphene [J]. Adv. Mater., 2017, 29 (35): 1700072.

[86] Deng R, Zhang H, Zhang Y, et al. Graphene/Mo_2C heterostructure directly grown by chemical vapor deposition [J]. Chin. Phys. B., 2017, 26: 067901.

[87] Xu C, Song S, Liu Z, et al. Strongly coupled high-quality graphene/2d superconducting Mo_2C vertical heterostructures with aligned orientation [J]. ACS Nano, 2017, 11 (6): 5906-5914.

[88] Qiao J B, Gong Y, Zuo W J, et al. One-step synthesis of van der waals heterostructures of graphene and two-dimensional superconducting α-Mo_2C [J]. Phys. Rev. B., 2017, 95: 201403.

[89] Kang Z, Zheng Z, Wei H, et al. Controlled growth of an Mo_2C-graphene hybrid film as an electrode in self-powered two-sided Mo_2C-graphene/$Sb_2S_{0.42}Se_{2.58}$/TiO_2 photodetectors [J]. Sensors, 2019, 19 (5): 1099.

[90] Saeed M, Robson J D, Kinloch I A, et al. The formation mechanism of hexagonal Mo_2C defects in CVD graphene grown on liquid copper [J]. Phys. Chem. Chem. Phys., 2020, 22 (4): 2176-2180.

[91] Sun W Y, Wang X Q, Feng J Q, et al. Controlled synthesis of 2D Mo_2C/graphene heterostructure on liquid Au substrates as enhanced electrocatalytic electrodes [J]. Nanotechnol, 2019, 30 (38): 385601.

[92] Ba K, Wang G L, Ye T, et al. Single faceted two-dimensional Mo_2C electrocatalyst for highly efficient nitrogen fixation [J]. ACS Catal., 2020. 10: 7864-7870.

[93] Fateh A, Aliofkhazraei M, Rezvanian A R. Review of corrosive environments for copper and its corrosion inhibitors [J]. Arabian J. Chem., 2020, 13: 481-544.

[94] Wang C, Zuo J, Tan L, et al. Hexagonal boron nitride-graphene core-shell arrays formed by self-symmetrical etching growth [J]. J. Am. Chem. Soc., 2017, 139 (40): 13997-14000.

[95] Geng D, Dong J, Kee Ang L, et al. In situ epitaxial. engineering of graphene and h-BN lateral heterostructure with a tunable morphology comprising h-BN domains [J]. NPG Asia Mater, 2019, 11: 56.

[96] Chaitoglou S, Giannakopoulou T, Tsoutsou D, et al. Direct versus reverse vertical two-

dimensional Mo$_2$C/graphene heterostructures for enhanced hydrogen evolution reaction electrocatalysis [J]. Nanotechnology, 2019, 30 (41): 415404.

[97] Fu L, Sun Y, Wu N, et al. Direct growth of MoS$_2$/h-BN heterostructures via a sulfide-resistant alloy [J]. ACS Nano, 2016, 10 (2): 2063-2070.

[98] Zeng M, Chen Y, Li J, et al. 2D WC single crystal embedded in graphene for enhancing hydrogen evolution reaction [J]. Nano Energy, 2017, 33: 356-362.

[99] Boulova M, Lucazeau G. Crystallite nanosize effect on the structural transitions of WO$_3$ studied by Raman spectroscopy [J]. J. Solid State Chem. , 2002, 167: 425-434.

[100] Camacho-López M A, Escobar-alarcón L, Picquart M, et al. Micro-raman study of the m-MoO$_2$ to a-MoO$_3$ transformation induced by cw-laser irradiation [J]. Opt. Mater. , 2011, 33: 480-484.

[101] Zhoua E, Wanga C, Zhao Q Q, et al. Facile synthesis of MoO$_2$ nanoparticles as high performance supercapacitor electrodes and photocatalysts [J]. Ceram. Int. , 2016, 42: 2198-2203.

4 VLS 机制可控制备 Mo_2C 微米花

4.1 引 言

近年来,过渡金属碳化物(TMCs)因其特殊的化学性质而受到了广泛的研究[1-3],TMCs 被认为在电化学和催化方面与贵金属相似。Mo_2C 属于 TMC 家族,被称为准铂催化剂,在高效固氮[4]和析氢反应(HER)中发挥着重要作用[5-7]。特别是当一些金属原子分散在 Mo_2C 晶体表面进行协同催化时,它们在许多催化反应中表现出优异的选择性和活性[8-11]。然而,由于较低的金属负载量,许多协同催化的质量比活性较低[12]。为了优化金属负载量,载体 Mo_2C 晶体应具有较高的比表面积,从而提供丰富的表面活性位点来增强协同催化作用。

Mo_2C 作为一种性能优异的催化材料,其催化活性受到制备方法的影响和限制[13-16]。在之前的报道中,生长后的 Mo_2C 晶体产生烧结现象是不可避免的[17-18],这影响了 Mo_2C 晶体的结构和形态,导致比表面积和催化活性的降低。因此,开发新的制备方法以减少 Mo_2C 晶体的烧结,增加 Mo_2C 晶体的比表面积具有重要意义。

本章介绍了以 Na_2MoO_4 水溶液作为生长前驱体,采用常压下气-液-固(VLS)法合成 α-Mo_2C 晶体。通过调节生长温度可以控制 Mo_2C 晶体的形貌,当生长温度为 780℃时,制备的 Mo_2C 晶体呈现微米花形貌,随着生长温度的升高,Mo_2C 逐渐转变为块状形貌。与气-固-固(VSS)模式相比,VLS 模式具有良好的润湿性和优越的迁移能力,可以促进 Mo 前驱体的横向迁移,防止活性物质的积累[19-23]。因此,与 VSS 模式生长的块状 Mo_2C 晶体相比,在合适的温度下生长的 Mo_2C 晶体可以形成片状形貌。在 10mA/cm 的电流密度下,Pt/VLS-Mo_2C 具有比 Pt/VSS-Mo_2C 更低的过电位。VLS 法生长的 Mo_2C 晶体对于提高其催化活性,拓展其应用领域具有重要意义。

4.2 实 验 机 理

图 4-1(a)为 VLS 与 VSS 制备 Mo_2C 晶体的过程示意图。在 VSS 制备过程

中,首先将一定浓度(150mg/mL)的$(NH_4)_6Mo_7O_{24}$水溶液滴在清洗干净的Au衬底上,然后在生长温度(780℃)下进行退火处理,退火时间为20min,在退火的过程中,$(NH_4)_6Mo_7O_{24}$充分分解成MoO_3晶体,退火结束后,向生长室内通入C_2H_4进行Mo_2C晶体的生长,图4-1(b)为利用$(NH_4)_6Mo_7O_{24}$制备的Mo_2C晶体的SEM图像,从图中能够清晰地观察到制备的Mo_2C晶体呈现出体相块状的形貌,平均尺寸为10μm。在VLS制备过程中,则是将相同浓度(150mg/mL)的Na_2MoO_4水溶液滴在清洗干净的Au衬底上,然后在生长温度(780℃)下退火20min,由于Na_2MoO_4的熔点为687℃,在退火的过程中,Na_2MoO_4充分熔化成液态,液态Na_2MoO_4具有较低的迁移势垒,有利于前驱体在基质上的自由扩散和均匀分布。退火结束后,向生长室内通入C_2H_4进行Mo_2C晶体的生长,利用VLS模式能够合成均匀的Mo_2C微米片。此外,液态Na_2MoO_4与Au衬底形成了液固界面,液固界面能够促进Mo_2C微米片的横向生长,随着尺寸和密度的增加,Mo_2C微米片逐渐形成比表面积更大的花片状团簇形貌,如图4-1(c)所示。

图 4-1 Au 衬底上利用 VLS 和 VSS 机制制备 Mo_2C
(a) VLS 和 VSS 制备 Mo_2C 的过程示意图;(b),(c) 分别为 VSS 和 VLS 制备的 Mo_2C 晶体的 SEM 图像

4.3 VLS-Mo_2C 的相关表征

利用 XPS 对 Mo_2C 晶体的化学组成和价态进行研究,证明了生长的晶体为

Mo_2C 晶体。图 4-2（a）中 Mo 3d 的结合能位于 231.4eV 和 228.1eV，分别属于 Mo $3d_{3/2}$ 和 Mo $3d_{3/2}$[24-28]。此外，在 233.4eV 和 229.8eV 处有两个较弱的信号峰，这可以归因于 Mo 的中间氧化态（MoO_x）[26-27]。MoO_x 的产生可能是由于 Mo_2C 暴露在空气中或在 XPS 的测量过程中 Mo_2C 被氧化所致。图 4-2（b）为 C 1s 的 XPS 谱图，图中位于低结合能（283.3eV）处的信号峰归属于 C—Mo[28]，而位于高结合能（284.8eV，286.3eV 和 288.1eV）处的信号峰分别归因于未氧化的 C—C，C=O，和 O—C=O。接下来利用拉曼光谱和 XRD 来确定 Mo_2C 晶体的结构，如图 4-2（c）所示，拉曼光谱在 652cm^{-1} 处有一个明显的特征峰，对应于 α-Mo_2C 晶体的 A_g 模式[29-30]。在 XRD 的测试结果中，Mo_2C 晶体的衍射峰与 Mo_2C 的标准 XRD 卡片（PDF#31-0871）一致，证明了生长的 Mo_2C 晶体为 α-Mo_2C。

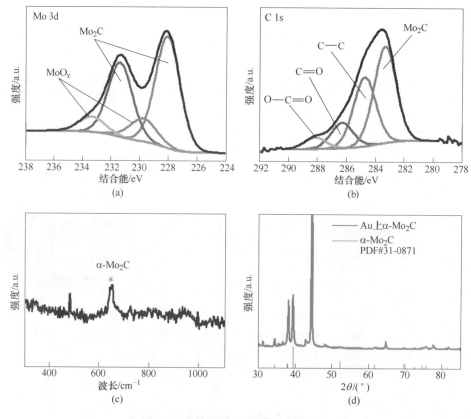

图 4-2 生长的 Mo_2C 晶体的相关测试
（a），(b) XPS 谱图；(c) 拉曼光谱；(d) XRD 测试

4.4 Na_2MoO_4 水溶液浓度对 VLS-Mo_2C 的影响

Na_2MoO_4 水溶液的浓度和生长温度,对生长的 Mo_2C 晶体的形貌和密度有着重要的影响。首先研究了 Na_2MoO_4 水溶液浓度对 Mo_2C 生长的影响,图 4-3(a)和(b)分别为在生长温度为 780℃时,利用 30mg/mL 和 75mg/mL 的 Na_2MoO_4 水溶液生长的 Mo_2C 微米片的 SEM 图像。从图 4-3(a) 中能够清晰地观察到,当 Na_2MoO_4 水溶液浓度为 30mg/mL 时,由于 Mo 元素的浓度较低,因此在 Au 衬底上形成的成核位点较少,生长出少量 Mo_2C 微米片。从图 4-3(b) 中能够清晰地

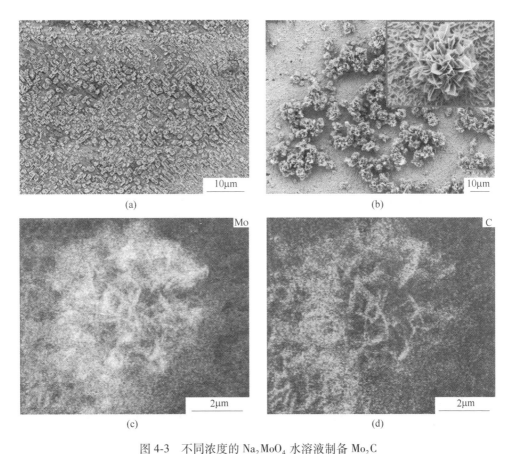

图 4-3 不同浓度的 Na_2MoO_4 水溶液制备 Mo_2C
(a),(b) 30mg/mL 和 75mg/mL 制备的 Mo_2C 晶体的 SEM 图像;
(c),(d) 制备的 Mo_2C 微米花中 Mo 和 C 元素的 EDS 面扫描结果

观察到，当 Na_2MoO_4 水溶液浓度增加到 75mg/mL 时，Mo_2C 微米片的密度明显增加，其中一些微米片聚集形成花片状团簇形貌，图 4-3（b）中的插图为单个 Mo_2C 微米花的 SEM 图像。当 Na_2MoO_4 水溶液的浓度进一步增加到 150mg/mL 时，Au 衬底上生长的 Mo_2C 微米花密度更大，并且形成了更多的团簇形貌，如图 4-3（c）所示。利用 EDS 对 Mo_2C 微米花中的 Mo 和 C 元素的空间分布进行了测试，如图 4-3（c）和（d）所示，Mo 和 C 元素在整个 Mo_2C 微米花中呈现均匀的分布。

4.5　生长温度对 VLS-Mo_2C 的影响

接下来研究生长温度对生长的 Mo_2C 晶体的影响。以 75mg/mL 的 Na_2MoO_4 水溶液作为生长前驱体。图 4-4（a）和（b）分别为生长温度为 850℃ 和 900℃ 时，生长的 Mo_2C 晶体的 SEM 图像。当生长温度为 850℃ 时，在 Au 衬底上同样生长出 Mo_2C 微米片，但是这些微米片均匀地覆盖整个 Au 衬底，并没有形成团簇形貌。当生长温度升高到 900℃ 时，在 Au 衬底上生长出的 Mo_2C 晶体呈现块状形貌，图 4-4（b）中的插图为单个块状 Mo_2C 晶体的 SEM 图像。从上述结果中能够看出，生长温度对于制备的 Mo_2C 晶体的形貌的影响非常大，随着生长温度的升高，制备的 Mo_2C 晶体从微米片形貌逐渐转变为块状形貌。

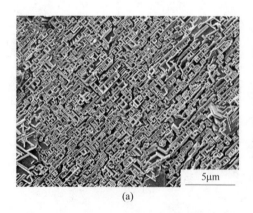
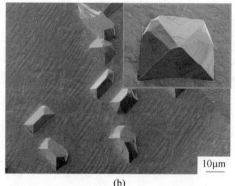

(a)　　　　　　　　　　　　　　(b)

图 4-4　不同生长温度制备 Mo_2C 的 SEM 图像

(a) 850℃；(b) 900℃

4.6 VLS-Mo$_2$C 与 VSS-Mo$_2$C 的 HER 性能比较

为了进一步证明 VLS 机制制备 Mo$_2$C 晶体的优势,将 VLS-Mo$_2$C 和 VSS-Mo$_2$C 的 HER 催化性能进行了比较。同时,为了提高所制备材料的 HER 催化性能,在 Au 衬底上合成 VLS-Mo$_2$C(150mg/mL Na$_2$MoO$_4$)和 VSS-Mo$_2$C〔150mg/mL (NH$_4$)$_6$Mo$_7$O$_{24}$〕样品之后,将材料在相同条件下负载了 2%(质量分数)的 Pt 进行电化学测试。在 1.0mol/L KOH 溶液中,以所制备的 Mo$_2$C 晶体为工作电极,Hg/HgO 为参比电极,Pt 箔为对电极,采用典型的三电极体系对样品的 HER 催化性能进行了测试。

图 4-5(a)为 Pt/VLS-Mo$_2$C,Pt/VSS-Mo$_2$C 和 Pt/Au 的线性扫描伏安曲线,扫描速率为 5mV/s。从图 4-5(a)中能够看出,与 Pt/VSS-Mo$_2$C 和 Pt/Au 两个样品相比,当电流密度为 10mA/cm 时,Pt/VLS-Mo$_2$C 相对于可逆氢电极(HER)具有一个较低的过电势为 52mV,证明了 VLS 机制能够显著提高碱性条件下 Pt/Mo$_2$C 对于 HER 的协同催化性能。如图 4-5(b)所示,Pt/VLS-Mo$_2$C 和 Pt/VSS-Mo$_2$C 的 Tafel 斜率分别为 166mV/dec 和 222mV/dec,证明了两个样品的析氢过程都属于 Volmer 机制,水的离解是决定析氢速率的关键因素。而 Pt/VLS-Mo$_2$C 的 Tafel 斜率明显低于 Pt/VSS-Mo$_2$C 的 Tafel 斜率,表明 Pt/VLS-Mo$_2$C 的水解离速率得到了显著提高。另外,如图 4-5(c)所示,为 Pt/VLS-Mo$_2$C 和 Pt/VSS-Mo$_2$C 的电化学阻抗谱,从图中能够看出,Pt/VLS-Mo$_2$C 的电化学阻抗明显小于 Pt/VSS-Mo$_2$C 的电化学阻抗,证明 Pt/VLS-Mo$_2$C 可以显著提高 Mo$_2$C 与 Au 箔之间的界面电子转移速率,从而促进了 HER 动力学过程。图 4-5(d)~(f)为通过

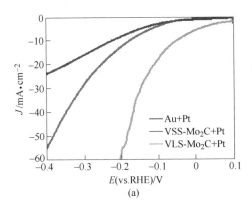
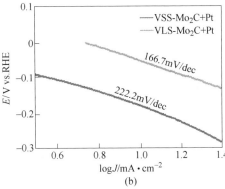

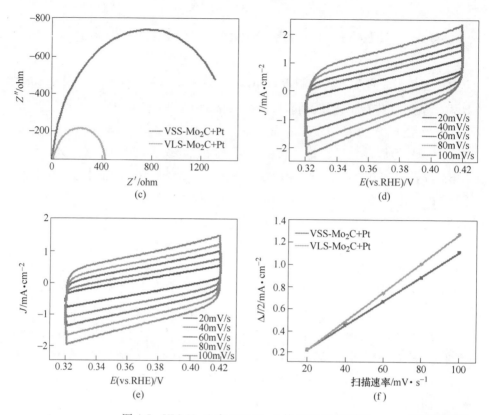

图 4-5 VLS-Mo$_2$C 和 VSS-Mo$_2$C 的 HER 性能测试

(a) Pt/VLS-Mo$_2$C，Pt/VSS-Mo$_2$C 和 Pt/Au 的线性扫描伏安曲线；

(b) Pt/VLS-Mo$_2$C 和 Pt/VSS-Mo$_2$C 的 Tafel 斜率；

(c) 开路电压下 Pt/VLS-Mo$_2$C 和 Pt/VSS-Mo$_2$C 的电化学阻抗；

(d)，(e) Pt/VLS-Mo$_2$C 和 Pt/VSS-Mo$_2$C 在 20~100mV/s 范围内的伏安特性曲线；

(f) Pt/VLS-Mo$_2$C 和 Pt/VSS-Mo$_2$C 的 ΔJ/2 与扫描速率的关系曲线

图 4-5 彩图

循环伏安法得到的 Pt/VLS-Mo$_2$C 和 Pt/VSS-Mo$_2$C 的电化学双层电容（C_{dl}），从而进一步对比了 Pt/Mo$_2$C 的电化学活性面积。Pt/VLS-Mo$_2$C 的 C_{dl} 为 13.2mF/cm^2，而 Pt/VSS-Mo$_2$C 的 C_{dl} 为 11.1mF/cm^2，表明 VLS 机制制备的 Pt/Mo$_2$C 晶体具有更大的电化学活性面积。

4.7 本章小结

本章介绍了利用 Na$_2$MoO$_4$ 作为反应前驱体实现了 α-Mo$_2$C 微米花的 VLS 生长。通过调节 Na$_2$MoO$_4$ 水溶液浓度和生长温度，可以控制生长的 Mo$_2$C 晶体的密度和形貌。与 VSS-Mo_2C 的块状形貌相比，VLS-Mo_2C 独特的花片状团簇形貌具有较高的比表面积，大大增加了 Pt 的负载量，其表面活性位点的密度随之增大，协同催化作用增强。将 Pt/VLS-Mo_2C 和 Pt/VSS-Mo_2C 的 HER 催化活性进行了对比，Pt/VLS-Mo_2C 的 HER 催化活性远远优于 Pt/VSS-Mo_2C 的 HER 催化活性，进一步证明了 VLS 机制在制备 Mo_2C 晶体方面的优势。本章的研究结果不仅为 Mo_2C 的合成提供了新的思路，而且为构建具有高催化活性的负载金属催化剂提供了新的思路。

参 考 文 献

[1] Stefan A W H, Robert W G, Daan S, et al. Comparison of tungsten and molybdenum carbide catalysts for the hydrodeoxygenation of oleic acid [J]. ACS Catal., 2013, 3: 2837-2844.

[2] Zeng M Q, Chen Y X, Li J X, et al. 2D WC single crystal embedded in graphene for enhancing hydrogen evolution reaction [J]. Nano Energy, 2017, 33: 356-362.

[3] Lukatskaya M R, Mashtalir O, Ren C E, et al. Cation intercalation and high volumetric capacitance of two-dimensional titanium carbide [J]. Science, 2013, 341 (6153): 1502-1505.

[4] Ba K, Wang G L, Ye T, et al. Single faceted two-dimensional Mo_2C electrocatalyst for highly efficient nitrogen fixation [J]. ACS Catal., 2020, 10: 7864-7870.

[5] Sun W Y, Wang X Q, Feng J Q, et al. Controlled synthesis of 2D Mo_2C/graphene heterostructure on liquid Au substrates as enhanced electrocatalytic electrodes [J]. Nanotechnology, 2019, 30 (38): 385601-385608.

[6] Li J S, Wang Y, Liu C H, et al. Coupled molybdenum carbide and reduced graphene oxide electrocatalysts for efficient hydrogenevolution [J]. Nat. Commun., 2016, 7: 11204.

[7] Geng D, Zhao X, Chen Z, et al. Direct synthesis of large-area 2D Mo_2C on in situ grown graphene [J]. Adv. Mater., 2017, 29 (35): 1700072.

[8] Ge Y Z, Qin X T, Li A W, et al. Maximizing the synergistic effect of CoNi catalyst on α-MoC for robust hydrogen production [J]. J. Am. Chem. Soc., 2021, 143 (2): 628-633.

[9] Lin L L, Yu Q L, Peng M, et al. Atomically dispersed Ni/α-MoC catalyst for hydrogen production from methanol/water [J]. J. Am. Chem. Soc., 2021, 143 (1): 309-317.

[10] Zhang X, Zhang M T, Deng Y C, et al. A stable low-temperature H_2-production catalyst by crowding Pt on α-MoC [J]. Nature, 2021, 589 (7842): 396-401.

[11] Sergio P, Ramón A G, Zuo Z J, et al. Highly active Au/δ-MoC and Au/β-Mo_2C catalysts for the low-temperature water gas shift reaction: effects of the carbide metal/carbon ratio on the catalyst performance [J]. Catal. Sci. Technol., 2017, 7: 5332-5342.

[12] Wu J B, Xiong L K, Zhao B T, et al. Densely populated single atom catalysts [J]. Small Methods, 2020, 4: 1900540.

[13] Li X Y, Ma D, Chen L M, et al. Fabrication of molybdenum carbidec catalysts over multi-walled carbon nanotubes by carbothermal hydrogen reduction [J]. Catal. Lett., 2007, 116: 63-69.

[14] Xiao T C, York A P E, Al-Megren H, et al. Preparation and characterization of bimetallic cobalt and molybdenum carbides [J]. J. Catal., 2001, 202 (1): 100-109.

[15] Xiao T C, York A P E, Williams V C, et al. Preparation of molybdenum carbides using butane and their catalytic performance [J]. Chem. Mate., 2000, 12 (12): 3896-3905.

[16] Vallance S R, Kingman S, Gregory D H. Ultra-rapid processing of refractory carbides: 20s synthesis of molybdenum carbide [J]. Chem. Comm., 2007, 7: 742-744.

[17] Saito M, Anderson R B. The activity of several molybdenum compounds for the methanation of CO [J]. J. Catal., 1980, 63: 438-446.

[18] Volpe L, Boudart M. Compounds of molybdenum and tungsten with high specific surface area: II. carbides [J]. J. Solid State Chem., 1985, 59: 348-356.

[19] Liu H, Qi G P, Tang C S, et al. Growth of large-area homogeneous monolayer transition-metal disulfides via a molten liquid intermediate process [J]. ACS Appl. Mater. Interfaces, 2020, 12 (11): 13174-13181.

[20] Feng S M, Tan J Y, Zhao S L, et al. Synthesis of ultrahigh-quality monolayer molybdenum disulfde through in situ defect healing with thiol moleCules [J]. Small, 2020, 16 (35): 2003357.

[21] Li S S, Lin Y C, Liu X Y, et al. Wafer-scale and deterministic patterned growth of monolayer MoS_2 via vapor-liquid-solid method [J]. Nanoscale, 2019, 11 (34): 16122-16129.

[22] Li S S, Lin Y C, Zhao W, et al. Vapour-liquid-Solid growth of monolayer MoS_2 nanoribbons [J]. Nat. Mater., 2018, 17 (6): 535-542.

[23] Zeng M, Fu L. Controllable fabrication of graphene and related two-dimensional materials on liquid metals via chemical vapor deposition [J]. Acc. Chem. Res., 2018, 51 (11): 2839-2847.

[24] Cheng H, Ding L X, Chen G F, et al. Molybdenum carbide nanodots enable efficient electrocatalytic nitrogen fixation under ambient condition [J]. Adv. Mater., 2018, 30 (46): 1803694.

[25] Halim J, Kota S, Lukatskaya M R, et al. Synthesis and characterization of 2D molybdenum carbide (MXene) [J]. Adv. Funct. Mater., 2016, 26: 3118-3127.

[26] Gao Q, Zhao X Y, Xiao Y, et al. A mild route to mesoporous Mo_2C-C hybrid nanospheres for high performance lithium-ion batteries [J]. Nanoscale, 2014, 6 (11): 6151-6157.

[27] Li R R, Wang S G, Wang W, et al. Ultrafine Mo_2C nanoparticles encapsulated in N-doped

carbon nanofibers with enhanced lithium storage performance [J]. Phys. Chem. Chem. Phys., 2015, 17 (38): 24803-24809.

[28] Geng D C, Zhao X X, Li L J, et al. Controlled growth of ultrathin Mo_2C superconducting crystals on liquid Cu surface [J]. 2D Mater., 2017, 4: 011012.

[29] Li T, Luo W, Kitadai H, et al. Probing the domain architecture in 2D α-Mo_2C via polarized Raman spectroscopy [J]. Adv. Mater., 2019, 31 (8): 1807160.

[30] Xiao T C, York A P E, Al-Megren H, et al. Preparation and characterization of bimetallic cobalt and molybdenum carbides [J]. J. Catal., 2001, 202: 100-109.

5 VLS 机制制备超薄单晶 Mo$_2$C 纳米片

5.1 引　言

近年来，一些研究小组相继报道了一种有效的途径来制备高质量的过渡金属硫化物（TMDs）[1-4]，这种有效的途径就是利用气-液-固（VLS）生长机制。VLS 机制最早被广泛地用来讨论很多纳米线的生长过程，也就是几种组分之间的输运、合金化、饱和、生长等过程。一种组分来自气相（vapor），输运到催化剂粒子形成液态合金（liquid），液态合金过饱和在降温过程中就会析出形成固体（solid）。这个过程要有合金化的过程，要有容易形成液态的结构，要有偏析形成固体的条件。图 5-1 为利用 VLS 机制制备 ZnO 纳米线的原理示意图[5]，高温区 ZnO 粉末和 C 粉末形成蒸气并发生反应：

$$ZnO + C \longrightarrow Zn + CO + CO_2 \tag{5-1}$$

在载气 Ar 的作用下，Zn 扩散至低温区，并且溶解进熔化状态的 Au 液滴，饱和以后，Zn 析出，形成 ZnO 纳米线。

无 O$_2$ 情况下，发生反应：

$$Zn + CO + CO_2 \longrightarrow ZnO + CO \tag{5-2}$$

有 O$_2$ 情况下，发生反应：

$$Zn + O_2 \longrightarrow ZnO \tag{5-3}$$

目前，VLS 生长模式已经被证明能够有效地对材料的生长进行横向控制，目前已经报道了包括 h-BN[6]、NiCl$_2$[7]、SnS$_2$[8] 和 Bi$_2$Se$_3$[9] 等范德华层状化合物的 VLS 合成。相比于固态前驱体，熔融的液态前驱体具有较低的迁移能垒，并且液态前驱体不容易发生团聚现象，更容易均匀地分散在目标衬底上。更重要的是，液态前驱体具有自限制生长的优势，其与目标衬底形成的液固界面能够阻止所制备材料的纵向生长，促进其横向生长，进而实现对所制备材料的厚度可控[10]。因此，VLS 模式是一种制备大面积、均匀、高质量二维材料的有效方法。

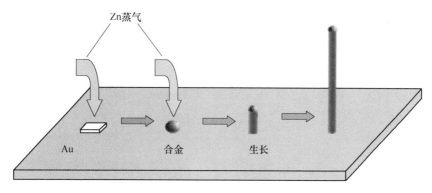

图 5-1 VLS 机制制备 ZnO 纳米线的原理示意图

5.2 VLS 机制制备二维材料的研究现状

标准的 CVD 法制备二维-TMDs 包括利用硫族元素和过渡金属氧化物/氮化物/有机物等作为前驱体，在高温下，前驱体挥发、输运并且反应，在各种衬底上形成较薄的 TMDs 薄片[11]。制备 MoS_2 的典型的 CVD 过程是将 MoO_3 和 S 粉混合放入反应室内，然后在粉末上方放置目标衬底，在高温下 MoO_3 和 S 粉的蒸气发生反应，在衬底上生成 MoS_2[12-13]。但是，粉末 CVD 的缺点是前驱体蒸气不均匀，导致材料生长重复性差，且在生长中存在较大量的副产物，限制了产率和生成物同质性[14]。

采用非挥发性的碱性 Mo 酸盐（如 Na_2MoO_4，$Na_2Mo_2O_7$）或钨酸盐（如 Na_2WO_4）代替传统的固态前驱体制备二维 TMDs 具有明显的优势，它们具有极低的蒸气压和熔点，容易与固态衬底形成液固界面，有益于二维 TMDs 的生长[15]。

5.2.1 VLS 模式制备 MoS_2

S. S. Li 等人[4]报道了利用 VLS 机制在衬底表面上制备出平均宽度为数百纳米的单层 MoS_2 纳米带，如图 5-2（a）~（c）所示。他们发现高温下碱金属卤化物与过渡金属氧化物前驱体反应后熔化形成液滴，熔滴在衬底表面滚动并与 S 蒸气反应导致了 MoS_2 纳米带各向异性的生长，图 5-2（d）和（e）为在 NaCl 晶体表面上通过 VLS 生长模式制备 MoS_2 纳米带的原理图。

通过对 Raman 和 PL 谱进行对比，如图 5-2（f）和（g）所示，发现 VLS-MoS_2 和 ME-MoS_2 具有相同的质量，VLS 制备 MoS_2 并没有引入额外的实质性缺

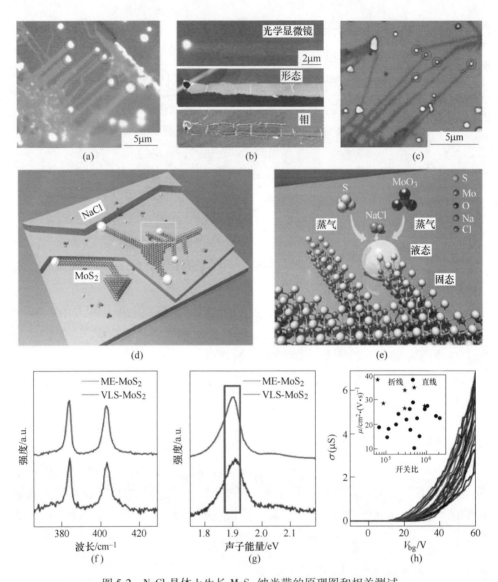

图 5-2 NaCl 晶体上生长 MoS$_2$ 纳米带的原理图和相关测试

(a) 在 NaCl 晶体上生长的 MoS$_2$ 纳米带的光学图像；(b) 一条纳米带的 OM 图像和原子力显微镜 (AFM) 图像及相图；(c) 转移到 SiO$_2$ 衬底上的纳米带的 OM 图像；(d), (e) 在 NaCl 晶体表面上 VLS 生长 MoS$_2$ 纳米带的原理示意图；(f), (g) VLS-MoS$_2$ 和机械剥离 (ME) 得到的 MoS$_2$ 的拉曼光谱和 PL 对比；(h) MoS$_2$ 场效应晶体管的传导特性

陷、应力和杂质。实验结果提供了对 VLS 机制制备二维 MoS$_2$ 的深入了解，并展示了其在纳米电子器件中的应用潜力，如图 5-2 (h) 所示。

随后，S.S.Li 等人[3]直接利用非挥发性的 Na_2MoO_4 作为 Mo 源，通过 VLS 机制制备出均匀单层的 MoS_2 薄片和连续的 MoS_2 薄膜。Na_2MoO_4 的熔点为 687℃，在生长温度下 Na_2MoO_4 颗粒熔化，并且与目标衬底形成液固界面。液态的 Na_2MoO_4 更容易在衬底上均匀分布，并且有利于 Mo-S 在原子空位间不受限制的扩散，同时能够加速反应的进行；形成的液固界面能够限制 MoS_2 在纵向上的生长，促进其横向生长，有利于形成超薄的二维结构。图 5-3 为利用 VLS 机制制备的三角形 MoS_2 薄片的 OM 图像，从 OM 图像中能够看出，在 8 片 SiO_2/Si 衬底上，制备的 MoS_2 薄片分布非常均匀，并且具有较为一致的尺寸，为 5~40μm。

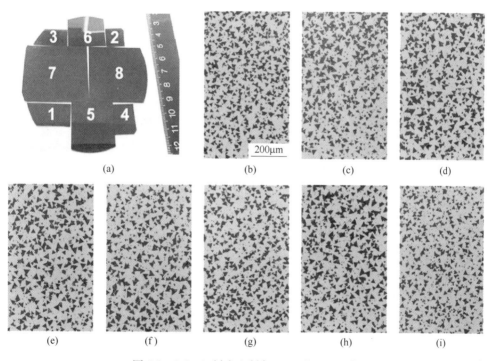

图 5-3　SiO_2/Si 衬底上制备 MoS_2 的 OM 图像

(a) 不同尺寸 SiO_2/Si 衬底的光学照片；(b)~(i) 在图(a)中 1~8 号衬底上制备的 MoS_2 薄片的 OM 图像

通过优化生长参数和 Na_2MoO_4 溶液的浓度，在 Al_2O_3 衬底上制备出连续的 MoS_2 薄膜，并且对制备的 MoS_2 薄膜的电学性质进行了测量，如图 5-4 所示。

利用 MoS_2 薄膜制备的 FETs 的电流开关比能够达到 10^7~10^9 量级，有晶界的 MoS_2 薄膜的平均电子迁移率为 $21.1 cm^2/(V·s)$，没有晶界的 MoS_2 薄膜的平均电子迁移率为 $24.8 cm^2/(V·s)$，两者的平均电子迁移率比较接近，说明利用

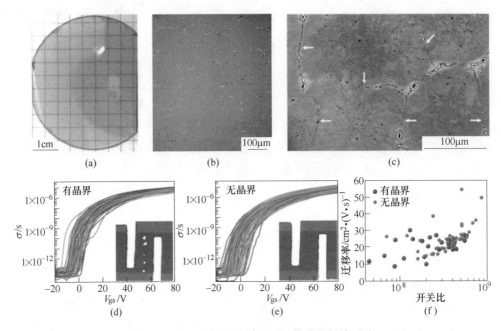

图 5-4 Al$_2$O$_3$ 衬底上制备 MoS$_2$ 薄膜的相关测试

(a) 制备 MoS$_2$ 薄膜所用的 Al$_2$O$_3$ 衬底；(b)、(c) 制备的 MoS$_2$ 薄膜的 OM 和 SEM 图像；(d)、(e) 有晶界和无晶界的 MoS$_2$ 薄膜的传输特性曲线；(f) 利用 MoS$_2$ 薄膜制备的场效应晶体管（FETs）的电子迁移率和电流开关比的分布示意图

VLS 机制在单晶 Al$_2$O$_3$ 衬底上制备的 MoS$_2$ 晶畴具有非常一致的排列，并且形成的晶界密度较小。

S. M. Feng 等人[2]在 2020 年报道了利用 Na$_2$MoO$_4$ 作为 Mo 源，将 C$_{12}$H$_{25}$SH 作为 S 源鼓泡通入反应室，通过控制 C$_{12}$H$_{25}$SH 的流量以实现 MoS$_2$ 薄片在衬底上的均匀生长。他们将传统 CVD 法（以固态 S 粉和 MoO$_3$ 粉分别作为 S 源和 Mo 源）和 VLS 法进行对比，图 5-5 为实验流程示意图。当使用传统 CVD 法制备 MoS$_2$ 时，由于前驱体挥发速率和蒸气浓度对温度和压力比较敏感，因此生长的 MoS$_2$ 材料在衬底的分布十分不均匀，如图 5-5（d）所示。使用 Na$_2$MoO$_4$ 作为 Mo 源时，由于熔化的 Na$_2$MoO$_4$ 在衬底上均匀分布，因此，与 S 源反应后形成的 MoS$_2$ 核在衬底上也能够均匀分布，逐渐生长成较大的 MoS$_2$ 薄片，如图 5-5（e）所示。

5.2.2 VLS 模式制备 WS$_2$

与利用 Na$_2$MoO$_4$ 作为过渡金属源类似，在制备 VLS-WS$_2$ 的过程中，Na$_2$WO$_4$

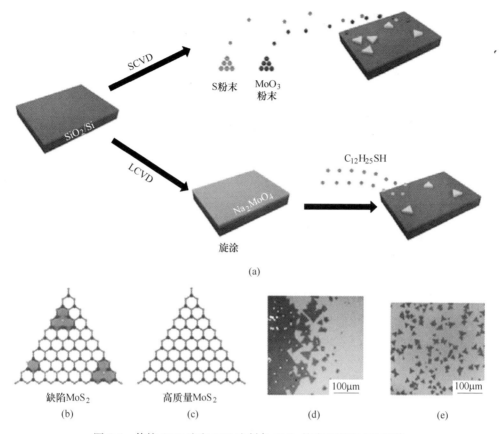

图 5-5 传统 CVD 法和 VLS 法制备 MoS_2 的流程图和 OM 图像

(a) 传统 CVD 法和 VLS 法制备 MoS_2 流程示意图；(b)，(c) 传统 CVD 法和 VLS 法制备的有缺陷和没有缺陷的 MoS_2 示意图；(d)，(e) 传统 CVD 法和 VLS 法制备的 MoS_2 薄片的 OM 图像

通常被作为 W 源。H. Liu 等人[16]利用 Na_2WO_4 作为 W 源，研究了 Na_2WO_4 溶液浓度对生长 WS_2 的影响，随着 Na_2WO_4 溶液浓度不断增大，制备的 WS_2 晶畴密度增加，在 50mg/mL 时，生长的 WS_2 连成薄膜，如图 5-6（a）所示。最后，他们在 SiO_2/Si 衬底上制备出 2in 均匀单层的 WS_2 薄膜。图 5-6（b）的曲线图给出了生长的 WS_2 晶畴的覆盖率和 Na_2WO_4 溶液浓度的关系。

利用 Na_2WO_4 作为 W 源制备 WS_2，在生长温度（840℃）时，Na_2WO_4 熔化（熔点为 698℃）与衬底形成液固界面。熔化的 Na_2WO_4 比固态时具有更低的迁移势垒，有利于 W 源的扩散，避免了其不必要的聚集。另外，熔融的液态中间体能够实现 WS_2 的自限制生长，有利于 WS_2 的横向伸长。

H. Liu 等人[16]通过将 Na_2WO_4 和 Na_2MoO_4 前驱体进行混合，制备出 MoS_2/

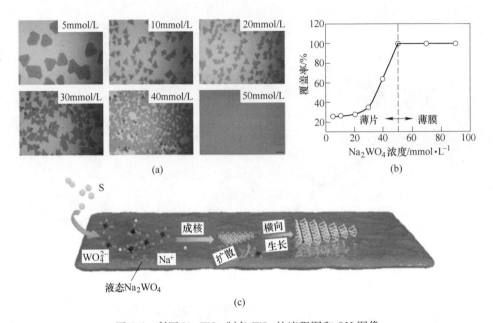

图 5-6 利用 Na_2WO_4 制备 WS_2 的流程图和 OM 图像

(a) 不同浓度 Na_2WO_4 制备 WS_2 的 OM 图像，标尺为 20μm；(b) WS_2 覆盖率与 Na_2WO_4 浓度的函数关系曲线；(c) 熔融 Na_2WO_4 制备 WS_2 的生长机理示意图

WS_2 异质结，图 5-7（a）为制备异质结的原理图，熔融态的 Na_2WO_4 和 Na_2MoO_4 前驱体分别与 S 源进行反应，在目标衬底上形核成键形成异质结。图 5-7（b）为制备的异质结的 OM 图像，能够清晰地看到三角形 MoS_2/WS_2 异质结区域的颜色较深，图 5-7（c）为相应的 AFM 测试，两层的厚度分别为 0.88nm 和 0.72nm，与单层的 WS_2 和 MoS_2 厚度对应，图 5-7（d）为相应的拉曼光谱，与 WS_2 和 MoS_2 的拉曼信号相符。此外，他们利用 VLS 机制在不同衬底上制备出了分布均匀的单层 WS_2 晶畴，如图 5-7（e）所示，证明了 VLS 机制制备单层 WS_2 的普适性。

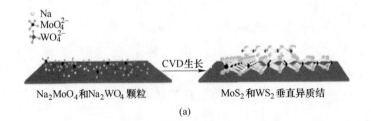

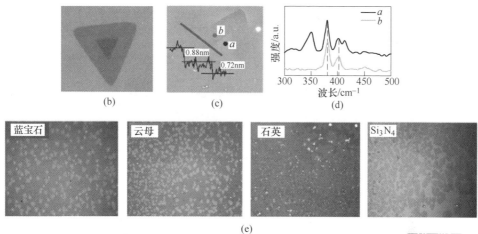

图 5-7 利用 VLS 制备 MoS_2/WS_2 异质结的示意图和相关结果

(a) 利用 VLS 制备 MoS_2/WS_2 异质结的示意图；(b)~(d) 制备的 MoS_2/WS_2 异质结的 OM，AFM 和 Raman 测试结果；(e) VLS 机制在不同衬底上制备的单层 WS_2 晶畴的 OM 图像

图 5-7 彩图

5.2.3 VLS 模式制备 MoN

C. B. Zhao[17]等人利用非挥发性的 Na_2MoO_4 作为生长前驱体，采用 VLS 模式在 Al_2O_3(0001) 衬底上制备出超薄的 MoN 纳米片，图 5-8 为实验流程和相关的测试结果。

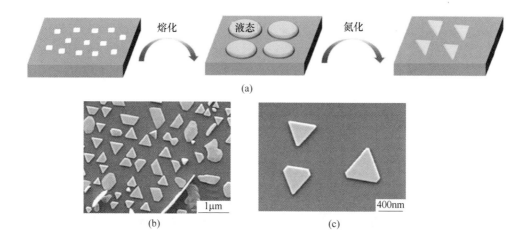

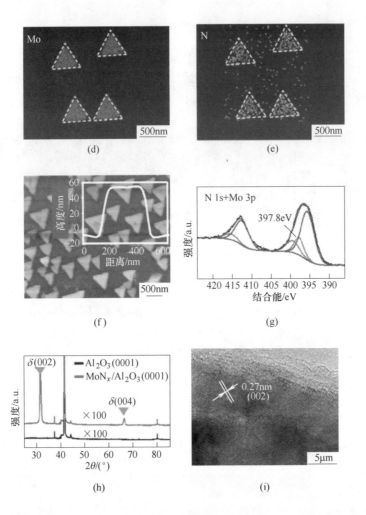

图 5-8 $Al_2O_3(0001)$ 衬底上制备超薄 MoN 纳米片的流程图和相关测试结果
(a) 生长流程图; (b), (c) SEM 图像; (d), (e) EDS 能谱; (f) AFM 图像;
(g), (h) XPS 能谱; (i) TEM 图像

通过控制 Na_2MoO_4 水溶液的浓度,能够控制制备的 MoN 纳米片的密度和厚度,通过控制生长温度,能够调控 MoN 的相结构: 低温生长的 MoN 为 δ-MoN, 而高温生长的 MoN 为 γ-MoN。

采用相同的生长机理,C. B. Zhao 等人[17]利用非挥发性的钨盐、钒盐和铬盐作为生长前驱体,在 $Al_2O_3(0001)$ 衬底上制备出 WN、VN 和 CrN 纳米晶体,如图 5-9 所示,证明了 VLS 机制在制备超薄过渡金属氮化物方面的普适性。

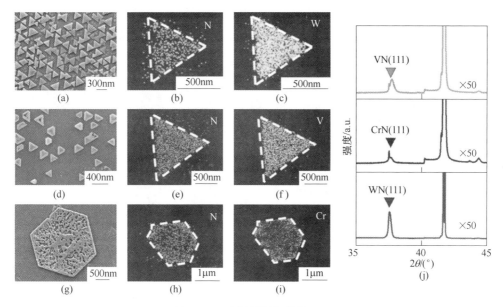

图 5-9　VLS 机制制备其他 TMN

(a)~(c) WN 纳米晶体的 SEM 图像和 EDS 能谱；(d)~(f) VN 纳米晶体的 SEM 图像和 EDS 能谱；
(g)~(i) CrN 纳米晶体的 SEM 图像和 EDS 能谱；(j) 三种晶体的 XRD 测试

5.3　研究内容

本章利用 Na_2MoO_4 作为前驱体，通过与气-固-固（VSS）机制进行对比，展示了常压下利用 VLS 机制制备均匀的、超薄的、单晶 Mo_2C 纳米片的优势。采用适当的退火处理，有利于固态前驱体充分转化为液态前驱体，并且与衬底形成液固界面。由于良好的润湿性和优良的流动性，液态前驱体很容易横向迁移到液固界面上形成的 Mo_2C 形核位置，进而促进 Mo_2C 纳米片均匀地外延生长。通过优化生长参数，例如前驱体水溶液的浓度、旋涂转数和生长温度等，可以有效地控制所制备的 Mo_2C 纳米片的密度和厚度。另外，通过对比实验，证明了 Na^+ 在生长过程中具有"固 Mo"的作用，Na^+ 的存在，有利于促进前驱体与衬底形成液固界面，进而促进了 Mo_2C 纳米片的外延生长。另外，证明了液固界面使制备的 Mo_2C 产生了相变。图 5-10 为采用 Na_2MoO_4 作为生长前驱体，利用 VLS 机制在 $Al_2O_3(0001)$ 衬底上制备三角形 Mo_2C 纳米片的流程示意图。首先，将清洗干净的 $Al_2O_3(0001)$ 衬底进行氧等离子处理，其次在其表面旋涂一定浓度的 Na_2MoO_4 水溶液。样品被放入生长室之后，对其进行一个退火处理，在退火温度下，旋涂

在 $Al_2O_3(0001)$ 衬底表面的 Na_2MoO_4 熔化成液态。在设定的生长温度下,通入反应气(CH_4 或者 C_2H_4)进行反应,最终在 $Al_2O_3(0001)$ 衬底表面制备出三角形的 Mo_2C 纳米片。

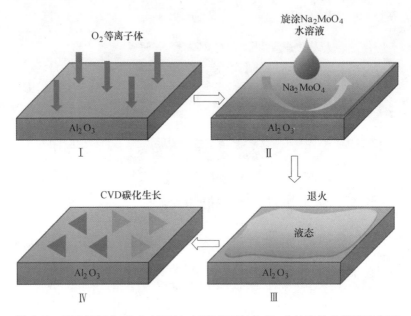

图 5-10 VLS 机制在 $Al_2O_3(0001)$ 衬底表面制备 Mo_2C 纳米片的流程示意图

5.3.1 衬底的处理

在本章制备 Mo_2C 纳米片的实验中,所采用的衬底为 $Al_2O_3(0001)$ 衬底。在生长之前,首先对 $Al_2O_3(0001)$ 衬底进行标准的超声清洗:先后使用甲苯、丙酮、乙醇对所使用的 $Al_2O_3(0001)$ 衬底超声清洗 1min,然后用去离子水超声清洗 3 次,1min/次。将超声清洗后的 $Al_2O_3(0001)$ 衬底用 N_2 气枪吹干,然后对其进行氧等离子处理 30min,目的是为了进一步清理衬底表面的污染物,并且使其具有更好的浸润性。氧等离子体处理之后,将 Na_2MoO_4 水溶液旋涂到衬底表面。图 5-11(a)为未经过氧等离子体处理的 $Al_2O_3(0001)$ 衬底旋涂 75mg/mL Na_2MoO_4 水溶液之后的 SEM 图片,从图中能够清楚地观察到 Na_2MoO_4 水溶液在未经过氧等离子处理的 $Al_2O_3(0001)$ 衬底上分布非常不均匀,有的地方连成片,有的地方类似孤立的小岛状形态;图 5-11(b)为 Na_2MoO_4 水溶液旋涂在经过氧等离子处理的 $Al_2O_3(0001)$ 衬底上的 SEM 图片,Na_2MoO_4 均匀地分布在几乎整个 $Al_2O_3(0001)$ 衬底表面,没有出现断裂现象。

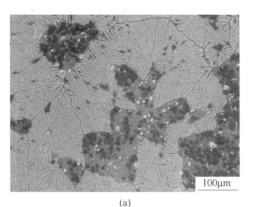 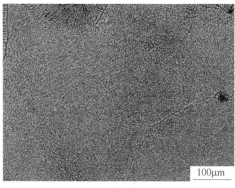

(a) (b)

图 5-11　旋涂 Na_2MoO_4 水溶液的 $Al_2O_3(0001)$ 衬底的 SEM 图像

(a) 未经过氧等离子处理；(b) 经过氧等离子体处理

5.3.2　退火时间对 Mo_2C 生长的影响

将旋涂了 Na_2MoO_4 水溶液的 $Al_2O_3(0001)$ 衬底放入生长室内，在生长 Mo_2C 之前，进行适当的退火处理。退火条件为 100sccm Ar，800℃，退火时间为 20min、40min、60min，图 5-12 为样品未退火和退火不同时间的 SEM 图片。

从图 5-12（a）中可以清楚地观察到，当样品升温到 800℃ 时，均匀旋涂在 $Al_2O_3(0001)$ 衬底表面的 Na_2MoO_4 发生了不均匀的团聚现象，形成了树枝状的形貌；当样品在 800℃ 退火 20min 以后，均匀分布在 $Al_2O_3(0001)$ 衬底表面的 Na_2MoO_4 形成一个个圆形的小岛，小岛的直径为 3~5μm，这些圆形的岛状结构在 $Al_2O_3(0001)$ 衬底上的分布仍然非常的均匀；进一步延长退火时间至 40min，原来分布均匀的小岛结构又团聚成尺寸更大的不规则岛状结构，岛的横向尺寸从

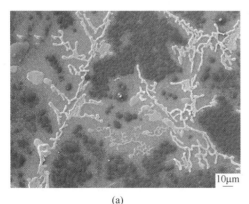 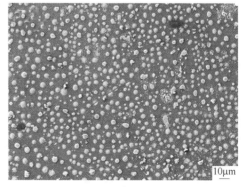

(a) (b)

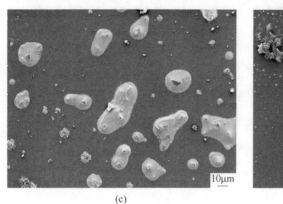
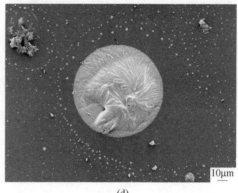

图 5-12　800℃时，退火时间对旋涂 Na_2MoO_4 的 Al_2O_3(0001) 衬底影响的 SEM 图像
(a) 未退火；(b) 退火 20min；(c) 退火 40min；(d) 退火 60min

几微米不等到几十微米不等，分布也不均匀。当退火时间为 60min 时，Na_2MoO_4 的团聚变得更加明显，形成的圆形岛状结构的直径能够达到 100μm 以上，明显的团聚现象不利于制备超薄的 Mo_2C 纳米片。上述结果表明适当的退火时间（这里为 20min）能够使 Na_2MoO_4 均匀地分布在 Al_2O_3(0001) 衬底表面。

研究了退火时间对制备 Mo_2C 纳米片的影响，如图 5-13 所示，为未进行退火处理和经过 20min、40min、60min 退火处理的样品在生长温度为 800℃时，生长之后的 SEM 图片。从图中能够清晰地观察到当生长温度为 800℃时，没有进行退火的样品在 Al_2O_3(0001) 衬底表面生长出一些三角形形状的 Mo_2C 纳米片，同时生长出一些体相结构的 Mo_2C 颗粒，无论是三角形的 Mo_2C 纳米片或者体相颗粒，在 Al_2O_3(0001) 衬底表面都有非常明显的聚集现象，说明生长的 Mo_2C 分布不均匀；当退火时间为 20min 时，在样品表面生长出均分布的 Mo_2C 三角形纳米片，

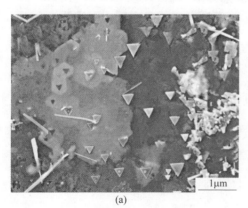
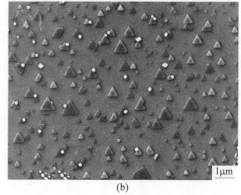

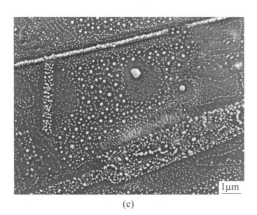 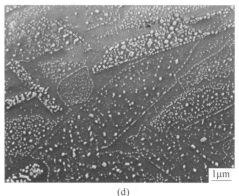

(c)　　　　　　　　　　　　　　　(d)

图 5-13　不同退火时间处理后，在 800℃生长的 Mo_2C 的 SEM 图像

（a）未退火；（b）退火 20min；（c）退火 40min；（d）退火 60min

只有很少的体相颗粒生成，进一步延长退火时间至 40min 和 60min，从 SEM 图像中没有观察到三角形纳米片，只有大量的体相 Mo_2C 颗粒生成。上述结果证明了适当的退火时间能够使旋涂在 Al_2O_3(0001) 衬底上的 Na_2MoO_4 均匀的分布，并且生长出均匀分布的 Mo_2C 超薄纳米片。

5.3.3　Na_2MoO_4 水溶液浓度对 Mo_2C 生长的影响

不同浓度的 Na_2MoO_4 水溶液能够提供的 Mo 源的量是不同的，因此研究了 Na_2MoO_4 水溶液的浓度对 Mo_2C 生长的影响，如图 5-14 所示，为利用不同浓度的 Na_2MoO_4 水溶液制备的 Mo_2C 的 SEM 图像。当 Na_2MoO_4 溶液浓度为 10mg/mL 时，此时 Na_2MoO_4 所提供的 Mo 原子的量非常少，当这些极少量的 Mo 原子在 Al_2O_3(0001) 衬底上均匀分布时，导致在 Al_2O_3(0001) 衬底上很难形成具有一定尺寸的 Mo_2C 纳米片，或者只能够形成尺寸较小的成核点。当 Na_2MoO_4 溶液浓度为 30mg/mL 时，所提供的 Mo 原子的量能够满足 Mo_2C 纳米片的生长，于是，在 Al_2O_3(0001) 衬底生长出三角形形状的 Mo_2C 纳米片和体相颗粒。随着 Na_2MoO_4 溶液浓度增加到 75mg/mL 时，在 Al_2O_3(0001) 衬底上生长出的三角形 Mo_2C 纳米片的密度增大，三角形形状也更加规则，平均尺寸达到 300nm，同时，体相 Mo_2C 颗粒的密度和尺寸也略有增加。当使用浓度为 150mg/mL 的 Na_2MoO_4 溶液作为 Mo 源时，在 Al_2O_3(0001) 衬底上制备的 Mo_2C 的三角形纳米片和体相颗粒的密度增加明显，体相颗粒出现了明显的聚集现象。

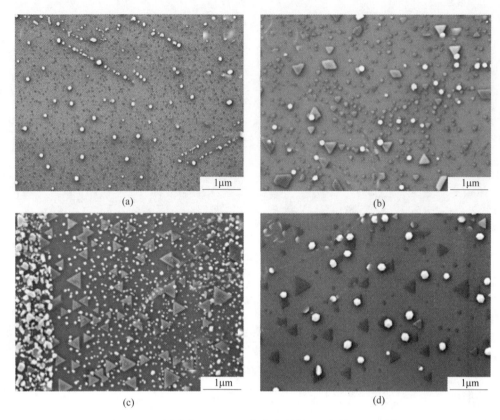

图 5-14 不同浓度 Na_2MoO_4 水溶液制备 Mo_2C 的 SEM 图像
(a) 10mg/mL;(b) 30mg/mL;(c) 75mg/mL;(d) 150mg/mL

图 5-15 (a)和(c) 分别为利用 75mg/mL 和 150mg/mL Na_2MoO_4 水溶液制备的 Mo_2C 的 AFM 图像,从图中能够清晰地观察到三角形形状的 Mo_2C 纳米片和体相 Mo_2C 颗粒,图 5-15 (b)和(d) 为相应的高度轮廓,当 Na_2MoO_4 水溶液浓度为 75mg/mL 时,生长的 Mo_2C 纳米片的厚度为 12~22nm,而 Na_2MoO_4 水溶液浓度增加到 150mg/mL 时,生长的 Mo_2C 纳米片的厚度也随之增加,为 65~80nm。

5.3.4 生长温度的影响

在材料的生长过程中,生长温度对材料的生长具有重要的影响。因此,研究了生长温度对 VLS 机制制备 Mo_2C 纳米片的影响。如图 5-16 所示,为不同的生长温度下,制备的 Mo_2C 的 SEM 图像。

从图 5-16 中能够清晰地观察到当生长温度为 1100℃时,在 Al_2O_3(0001) 衬底上生长的 Mo_2C 为体相颗粒,并且发生了明显的团聚现象;当生长温度降低到

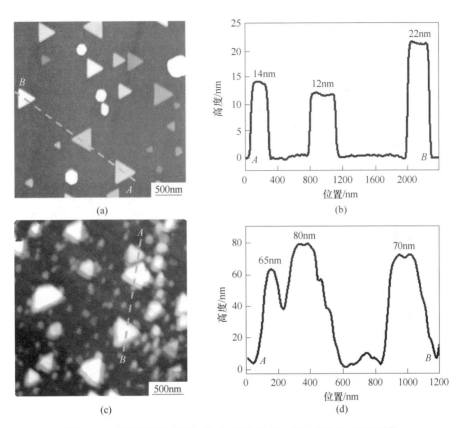

图 5-15　利用不同浓度 Na_2MoO_4 制备的 Mo_2C 纳米片的 AFM 图像

(a) 75mg/mL；(b)，(d) 相应的高度图像；(c) 150mg/mL

1000℃时，Al_2O_3(0001) 衬底上除了生长出体相的 Mo_2C 颗粒，还有少量的三角形 Mo_2C 纳米片生成，只是 Mo_2C 纳米片的尺寸较小，横向尺寸只有几十个纳米；当生长温度降到 900℃ 时，在 Al_2O_3(0001) 衬底上生长的三角形 Mo_2C 纳米片的尺寸和密度明显的增大，同时，体相 Mo_2C 颗粒的密度和尺寸减小；当生长温度进一步降低到 800℃ 时，在 Al_2O_3(0001) 衬底上生长的三角形 Mo_2C 纳米片形状越来越规则，密度进一步增加，同时体相颗粒的密度进一步减小。总之，采用 Na_2MoO_4 作为前驱体利用 VLS 机制在 Al_2O_3(0001) 衬底上制备 Mo_2C 纳米片，随着生长温度的降低，生长的 Mo_2C 纳米片形状越来越规则，密度和横向尺寸越来越大，同时体相颗粒的密度和尺寸越来越小。图 5-17 为经过优化退火时间（20min）、Na_2MoO_4 水溶液浓度（75mg/mL）、旋涂转数（3000r/min）和生长温度（780℃）之后，在 Al_2O_3(0001) 衬底上制备的三角形 Mo_2C 纳米片的 SEM 图像。从图 5-17 中能够清晰地观察到优化生长参数之后，在 Al_2O_3(0001) 衬底上制备的三角形 Mo_2C 纳米片分布均匀，横向尺寸为 100~300nm，并且没有体相 Mo_2C 颗粒。

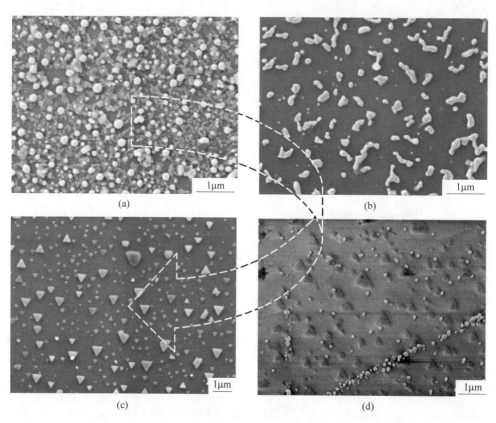

图 5-16　不同生长温度下制备的 Mo_2C 的 SEM 图像
(a) 1100℃；(b) 1000℃；(c) 900℃；(d) 800℃

5.3.5　Mo_2C 纳米片的相关测试分析

图 5-18 为在 Al_2O_3(0001) 衬底制备的三角形 Mo_2C 纳米片的形貌和元素组成测试分析。从图 5-18（a）中能够清晰地观察到均匀分布在 Al_2O_3(0001) 衬底上的 Mo_2C 纳米片的取向有 60°或 180°的夹角。由于 Al_2O_3(0001) 衬底具有六重对称性，因此，Mo_2C 在 Al_2O_3(0001) 表面上外延生长具有两组最稳定且能量最小的构型，分别位于旋转角度 0°和 60°（180°），如图 5-18（b）所示，这类似于 h-BN 在 Cu(111) 或 Au(111) 上的生长[18-19]。图 5-18（c）和（d）分别为在

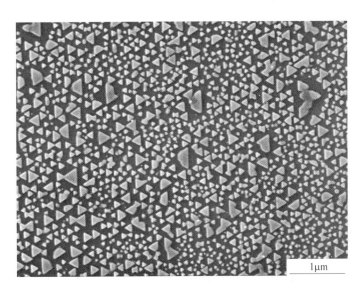

图 5-17　优化生长参数之后,在 Al_2O_3(0001) 衬底上生长的三角形 Mo_2C 纳米片的 SEM 图像

Al_2O_3(0001) 衬底上制备的三角形 Mo_2C 纳米片的 AFM 图像和相应的高度图,从图中能够清晰地观察到形状规则的三角形 Mo_2C 纳米片表面非常平滑,其厚度约为 12nm。图 5-18 (e) 和 (f) 为三角形 Mo_2C 纳米片的 EDS 面扫描结果,测试结果证明了三角形纳米片是由 Mo 和 C 两种元素组成,并且 Mo 和 C 元素在纳米片中的分布非常均匀。

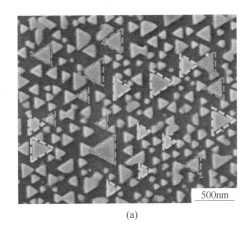

(a)

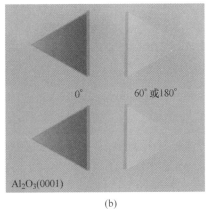

(b)

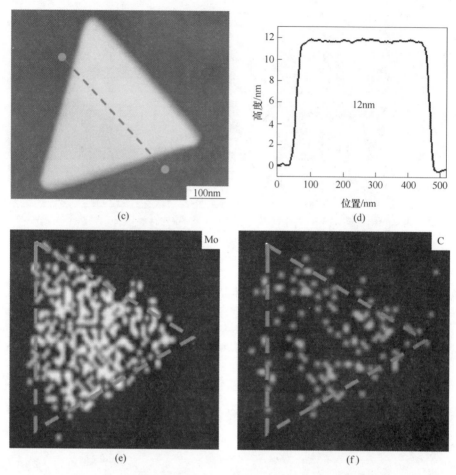

图 5-18 在 $Al_2O_3(0001)$ 衬底上制备的 Mo_2C 纳米片的形貌表征
(a) SEM 图像；(b) Mo_2C 纳米片在 $Al_2O_3(0001)$ 上两种最稳定构型的示意图；
(c),(d) AFM 图像和相应的高度图；(e),(f) 三角形 Mo_2C 纳米片的 EDS 面扫描图像

随后，对在 $Al_2O_3(0001)$ 衬底上制备的 Mo_2C 纳米片进行了结构测试，图 5-19(a)和(b)分别为拉曼光谱和 XRD 测试结果。在拉曼光谱中，处在 $652cm^{-1}$ 的特征拉曼峰对应着 α-Mo_2C 晶体的 A_g 模式[20-21]。在 XRD 谱图中，37.95°和 81.34°处有清晰的衍射峰，分别对应着 α-Mo_2C(PDF#31-0871) 的 (200) 面和 (400) 面[22]。图 5-19(c) 为 HRTEM 图像，图像中生长的 Mo_2C 纳米片的晶格间距为 0.254nm，这与 α-Mo_2C(200) 面的面间距离一致[22-23]。SAED 图样证明样品沿着 [200] 晶带轴呈现六边形形状，如图 5-19(d) 所示。以上结果表

明，采用 Na_2MoO_4 作为前驱体，利用 VLS 机制制备的 Mo_2C 纳米片为单晶结构。

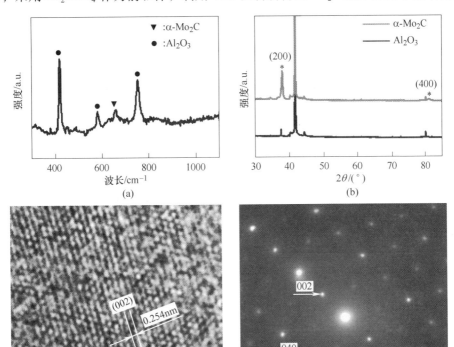

图 5-19　在 $Al_2O_3(0001)$ 衬底上制备的三角形 Mo_2C 纳米片的定性测试结果
（a）拉曼光谱；（b）XRD 测试；（c）HRTEM 图片；（d）SAED 图样

5.3.6　Na^+ 和液固界面在 Mo_2C 生长中的作用

传统 CVD 法采用 $(NH_4)_6Mo_7O_{24}$ 作为前驱体，利用 VSS 机制制备 Mo_2C 晶体。在本节的内容中，将 VLS 与 VSS 机制进行对比，突出利用 VLS 机制制备 Mo_2C 的优势，同时研究了 Na^+ 和液固界面在 Mo_2C 生长中的作用。

首先利用 $(NH_4)_6Mo_7O_{24}$ 作为前驱体在 $Al_2O_3(0001)$ 衬底上制备 Mo_2C。在制备 Mo_2C 之前，同样还是将 $Al_2O_3(0001)$ 衬底进行标准的超声清洗，然后进行氧等离子处理，再将一定浓度的 $(NH_4)_6Mo_7O_{24}$ 水溶液旋涂到 $Al_2O_3(0001)$ 衬底表面，之后进行 Mo_2C 的制备。图 5-20（a）为 780℃ 时利用 75mg/mL $(NH_4)_6Mo_7O_{24}$ 水溶液在 $Al_2O_3(0001)$ 衬底上制备的 Mo_2C 的 SEM 图像。从图像

中能够清晰地观察到在 Al_2O_3(0001) 衬底上生长出大量的体相 Mo_2C 颗粒,同时还有一些形状不规则的 Mo_2C 薄片生成,并且体相颗粒和薄片都发生了明显的聚集现象。而图 5-20(b)为 780℃时利用 75mg/mL Na_2MoO_4 水溶液在 Al_2O_3(0001) 衬底上制备的 Mo_2C 的 SEM 图像。图像中形状规则的三角形 Mo_2C 纳米片均匀地分布在 Al_2O_3(0001) 衬底上,并且没有体相 Mo_2C 颗粒生成,这个对比实验说明 Na^+ 和液固界面能够影响生长的 Mo_2C 的形态特征。

随后,又做了一个对比实验进一步证明我们的结论,在这个对比实验中,采用配比好的 Na_2CO_3 和 $(NH_4)_6Mo_7O_{24}$ 的混合水溶液作为生长前驱体,在生长条件相同的情况下制备 Mo_2C。图 5-20(c)为 780℃时采用 Na_2CO_3 和 $(NH_4)_6Mo_7O_{24}$ 混合水溶液为前驱体制备的 Mo_2C 的 SEM 图像,从图像中能够清晰地观察到在 Al_2O_3(0001) 衬底上生长出分布均匀、形状规则的三角形 Mo_2C 纳米片,而且没有体相 Mo_2C 颗粒生成。这个实验结果进一步证明了 Na^+ 和液固

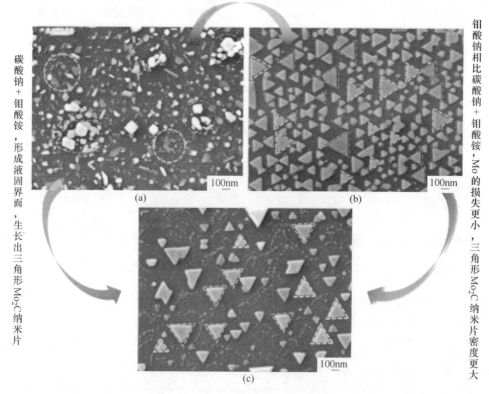

图 5-20　780℃时在 Al_2O_3(0001) 衬底上利用不同前驱体制备 Mo_2C 的 SEM 图片
(a) $(NH_4)_6Mo_7O_{24}$ 水溶液;(b) Na_2MoO_4 水溶液;(c) Na_2CO_3 和 $(NH_4)_6Mo_7O_{24}$ 混合水溶液

界面确实对制备的 Mo_2C 的形态有重要的影响。同时,将图 5-20 (b) 和 (c) 进行对比能够发现,利用 Na_2MoO_4 水溶液作为生长前驱体制备的三角形 Mo_2C 纳米片的密度要远远大于利用 Na_2CO_3 和 $(NH_4)_6Mo_7O_{24}$ 混合水溶液制备的 Mo_2C 纳米片的密度。

在另外一组对比实验中,同样证明了 Na^+ 和液固界面对制备的 Mo_2C 的形态和密度有着重要的影响。图 5-21 (a) 为 780℃ 时利用 $(NH_4)_6Mo_7O_{24}$ 水溶液在 $Al_2O_3(0001)$ 衬底上制备的 Mo_2C 的 AFM 图像,图 5-21 (d) 为对应的高度图。从图中能够清晰地观察到在 $Al_2O_3(0001)$ 衬底上制备出体相的 Mo_2C 颗粒,颗粒的高度为 60~100nm,甚至更高。在图中还能观察到形状不规则的 Mo_2C 纳米片,纳米片的平均横向尺寸很小,约为 40nm,厚度约为 20nm。生长的 Mo_2C 颗粒和纳米片有明显的聚集现象。图 5-21 (b) 为 800℃ 时利用 $(NH_4)_6Mo_7O_{24}$ 水溶液在 $Al_2O_3(0001)$ 衬底上制备的 Mo_2C 的 AFM 图像,图 5-21 (e) 为相应的高度图。从图中能够清晰地观察到在 $Al_2O_3(0001)$ 衬底上生长出三角形的 Mo_2C 纳米片,纳米片的平均横向尺寸为 100nm,平均厚度为 25nm。与 780℃ 时的生长结果进行对比,能够发现生长温度对以 $(NH_4)_6Mo_7O_{24}$ 为前驱体生长的 Mo_2C 的形态和密度同样具有重要的影响。但是,800℃ 时以 $(NH_4)_6Mo_7O_{24}$ 为前驱体制备的三角形 Mo_2C 纳米片的尺寸和密度远远小于以 Na_2MoO_4 为前驱体制备的三角形 Mo_2C 纳米片,如图 5-16 (d) 所示。

接下来,再次利用 Na_2CO_3 和 $(NH_4)_6Mo_7O_{24}$ 的混合水溶液为前驱体制备 Mo_2C。图 5-21 (c) 为 800℃ 时利用 Na_2CO_3 和 $(NH_4)_6Mo_7O_{24}$ 的混合水溶液为前驱体在 $Al_2O_3(0001)$ 衬底上制备的 Mo_2C 的 AFM 图像,图 5-21 (f) 为相应的高度图。从图中能够清晰地观察到当加入 Na_2CO_3 以后,在 $Al_2O_3(0001)$ 衬底上制备的三角形 Mo_2C 纳米片的密度和尺寸相比于 800℃ 时利用 $(NH_4)_6Mo_7O_{24}$ 制备的三角形 Mo_2C 薄片的密度和尺寸都有了明显的增加,三角形 Mo_2C 纳米片的平均尺寸为 100nm,最主要的是纳米片的厚度最薄达到 10nm。

将以上对比实验结果进行分析,能够理解 Na^+ 和液固界面对 Mo_2C 纳米片生长的重要影响。利用 $(NH_4)_6Mo_7O_{24}$ 水溶液作为反应前驱体制备 Mo_2C,当生长温度为 780℃ 时,$(NH_4)_6Mo_7O_{24}$ 分解得到的 MoO_3 为固态,与 C 前驱体反应生成体相 Mo_2C 颗粒和不规则小尺寸的 Mo_2C 纳米片;当生长温度达到 800℃ 时,$(NH_4)_6Mo_7O_{24}$ 分解的 MoO_3 熔化为液态(MoO_3 的熔点为 795℃),并与 $Al_2O_3(0001)$ 衬底形成液固界面。在这种情况下,生长的 Mo_2C 呈三角形纳米片状。然而,由于在 500℃ 以上时,MoO_3 会产生升华现象,导致 Mo 原子的数量减少,因此三角形 Mo_2C 纳米片的密度和尺寸非常小。Na_2MoO_4 的熔点为 687℃,

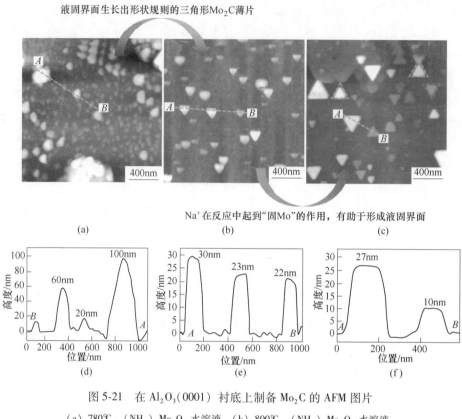

图 5-21 在 Al_2O_3(0001) 衬底上制备 Mo_2C 的 AFM 图片

(a) 780℃，$(NH_4)_6Mo_7O_{24}$水溶液；(b) 800℃，$(NH_4)_6Mo_7O_{24}$水溶液；
(c) 800℃，Na_2CO_3 和 $(NH_4)_6Mo_7O_{24}$ 混合水溶液；(d)~(f) 相应的高度图

当在 $(NH_4)_6Mo_7O_{24}$ 水溶液中加入 Na_2CO_3 引入 Na^+ 之后，水溶液中形成 Na_2MoO_4 或前驱体本身就是 Na_2MoO_4 时，在生长温度下 (780℃ 和 800℃) 更容易与 Al_2O_3(0001) 衬底形成液固界面，这有利于促进超薄 Mo_2C 纳米片的外延生长。因此，当引入 Na^+ 之后，Mo_2C 纳米片的密度和尺寸明显增大。于是，得出结论，液态前驱体（熔融 Na_2MoO_4）是影响 Mo_2C 形态特征的最重要因素。具体来说，Na^+ 具有"固 Mo"和生成 Na_2MoO_4 的作用。在生长温度下，熔化的液态 Na_2MoO_4 有利于 Mo-C 的扩散，其与 Al_2O_3(0001) 衬底形成的液固界面，能够促进 Mo_2C 纳米片的外延生长，限制其纵向生长。

另外，通过实验证明了液固界面能够引起制备的 Mo_2C 晶体的相变。分别采用 Na_2MoO_4 和 $(NH_4)_6Mo_7O_{24}$ 粉末制备 Mo_2C 晶体，生长温度为 780℃。在这个生长温度下，Na_2MoO_4 粉末熔化形成液态与衬底形成液固界面，而 $(NH_4)_6Mo_7O_{24}$ 粉末分解出的 MoO_3 粉末没有达到熔点，仍然保持固态。图

5-22（a）为利用 Na_2MoO_4 和（NH_4）$_6Mo_7O_{24}$ 制备的 Mo_2C 晶体的拉曼光谱，利用 Na_2MoO_4 制备的 Mo_2C 晶体的拉曼光谱，在 $652cm^{-1}$ 出现的特征拉曼峰对应着 α-Mo_2C 晶体的 A_g 模式，而利用（NH_4）$_6Mo_7O_{24}$ 制备的 Mo_2C 晶体的拉曼光谱没有出现明显特征峰。对利用（NH_4）$_6Mo_7O_{24}$ 制备的 Mo_2C 晶体进行 XRD 测试，结果显示其为 β-Mo_2C，如图 5-22（b）所示。

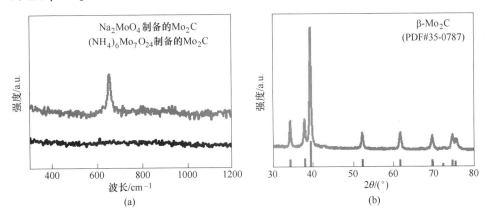

图 5-22 利用不同前驱体制备的 Mo_2C 晶体的拉曼测试和 XRD 测试

（a）拉曼光谱；（b）XRD 图谱

5.3.7 OH⁻对 Mo_2C 生长的影响

J. T. Zhu 等人[24]通过对比实验，证明了在制备二维材料时引入的 OH⁻能够促进材料的横向生长，抑制它们的纵向生长。如图 5-23 所示，为在前驱体中引入和未引入 OH⁻时制备 MoS_2 的示意图。如图 5-23（a）所示，生长温度为 750℃时，前驱体中不含有 OH⁻，MoS_2 首先在衬底上成核生长，随着生长继续进行，MoS_2 优先在第一层 MoS_2 上继续成核，形成第二层 MoS_2，然后在第二层 MoS_2 上再成核，形成第三层 MoS_2，最后生长出多层的 MoS_2。图 5-23（b）为前驱体中引入 OH⁻之后的生长示意图，750℃时，MoS_2 首先在衬底上成核生长，随着生长继续进行，引入的 OH⁻吸附（成键）在第一层 MoS_2 表面，形成了 S-Mo-S-OH 层，阻止了 Mo 和 S 原子向第一层 MoS_2 表面的扩散成核，抑制了 MoS_2 的纵向生长，于是 MoS_2 继续在衬底上进行外延生长。

随后，J. T. Zhu 等人[25]又通过制备 MoS_2/WS_2 异质结，进一步证明了 OH⁻对二维材料生长的重要影响。图 5-24（a）为制备 MoS_2/WS_2 异质结的实验流程示意图。当生长温度为 700℃时，MoS_2 首先在衬底上成核生长，引入的 OH⁻吸

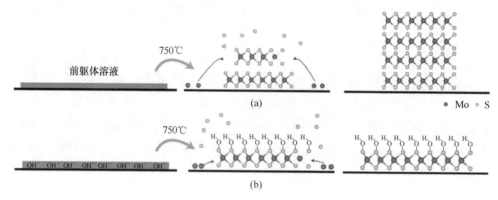

图 5-23 在 Al_2O_3 衬底上制备 MoS_2 的示意图

(a) 未引入 OH^-; (b) 引入 OH^-

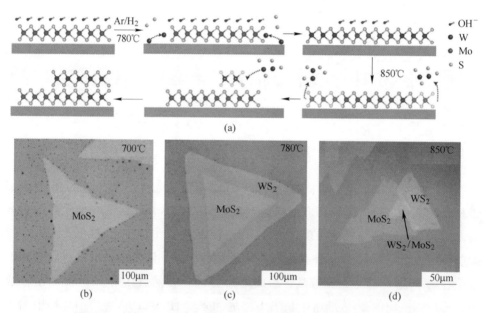

图 5-24 制备 MoS_2/WS_2 异质结的实验流程示意图和相关 OM 图像

(a) 制备 MoS_2/WS_2 异质结的实验流程示意图; (b) MoS_2 OM 图像;
(c) WS_2/MoS_2 横向异质结 OM 图像; (d) WS_2/MoS_2 纵向异质结 OM 图像

附(成键)在第一层 MoS_2 表面; 当生长温度升高到 780℃ 时, 引入 W 源, 由于第一层 MoS_2 表面被 OH^- 占据, 所以 WS_2 不会在 MoS_2 表面成核, 于是 WS_2 在 MoS_2 边缘继续外延生长, 形成 WS_2/MoS_2 横向异质结; 当生长温度升高到 850℃ 时, 吸附(成键)在第一层 MoS_2 表面的 OH^- 脱附, 于是 WS_2 在第一层 MoS_2 表面成核生长，形成 WS_2/MoS_2 纵向异质结。图 5-24（b）~（d）分别为制备的 MoS_2，WS_2/MoS_2 横向异质结和 WS_2/MoS_2 纵向异质结的 OM 图像，从图像中能够清晰地观察到随着生长温度的变化，生长的 WS_2 和 MoS_2 形成异质结前后衬度的变化。

针对上述实验结果，考虑是否能够在利用 Na_2MoO_4 作为前驱体制备 Mo_2C 的实验中，通过引入 OH^- 来进一步降低所制备的单晶 Mo_2C 纳米片的厚度。于是选用不同浓度的 Na_2MoO_4 和 NaOH 混合溶液来进行相关的实验。图 5-25 为 780℃时利用不同浓度的 Na_2MoO_4 水溶液和 Na_2MoO_4+NaOH 混合水溶液制备的 Mo_2C 的 SEM 图像。从图像中能够清晰地观察到 Na_2MoO_4 水溶液的浓度相同时，当溶液中引入 OH^- 之后，即使旋涂混合水溶液的转数增加，在 Al_2O_3(0001) 衬底上制备的 Mo_2C 的密度明显增加，证明了 OH^- 对生长确实有着重要的影响。

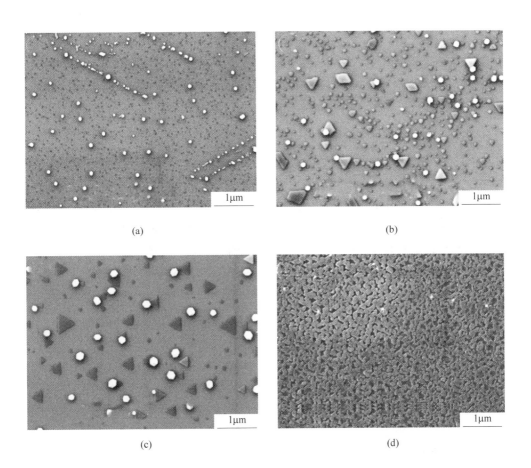

图 5-25 780℃时，利用不同前驱体制备 Mo_2C 的 SEM 图像

(a)~(c) 利用 Na_2MoO_4 水溶液为前驱体制备的 Mo_2C 的 SEM 图像：(a) 3000r/min，10mg/mL；(b) 3000r/min，30mg/mL；(c) 3000r/min，75mg/mL；(d)~(f) 利用 Na_2MoO_4+NaOH 混合水溶液为前驱体制备的 Mo_2C 的 SEM 图像：(d) 5000r/min，15mg/mL；(e) 5000r/min，30mg/mL；(f) 5000r/min，75mg/mL

图 5-26 为进一步增加旋涂转速至 8000r/min，利用 Na_2MoO_4+NaOH 混合水溶液（15mg/mL）制备的 Mo_2C 的 SEM 图像。从图 5-26（a）中能够清晰地观察到制备的 Mo_2C 在 Al_2O_3(0001) 衬底上分布非常均匀，体相 Mo_2C 颗粒的密度非常小；如图 5-26（b）所示，当放大倍数为 30000 倍时，观察到在 Al_2O_3(0001) 衬底上生长出排列紧密的三角形 Mo_2C 纳米片。与之前没有引入 OH^- 时的结果相比较（见图 5-17），能够得出结论，OH^- 能够促进 Mo_2C 的生长，即使高转数旋涂小浓度的混合水溶液，也能够制备出紧密排列的超薄单晶 Mo_2C 纳米片。

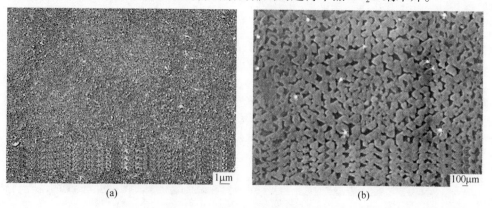

图 5-26 780℃时，利用 Na_2MoO_4+NaOH 混合水溶液（15mg/mL）制备的 Mo_2C 的 SEM 图像

(a) 5000 倍放大图像；(b) 30000 倍放大图像

5.4 本章小结

本章首先介绍了利用液态反应物制备 MoS_2 等纳米材料的研究进展，然后作者结合自身实验内容，详细介绍了采用 Na_2MoO_4 水溶液作为前驱体，利用 VLS 机制通过氧等离子体处理衬底、优化生长参数（前驱体溶液浓度，退火时间，生长温度）等手段，在 $Al_2O_3(0001)$ 衬底上制备出超薄单晶 Mo_2C 纳米片的实验过程。制备的 Mo_2C 纳米片的平均横向尺寸为 300nm，平均厚度为 12nm。衬底的氧等离子处理，前驱体溶液浓度，退火时间和生长温度等对 VLS 机制制备 Mo_2C 具有重要的影响。同时，介绍了 Na^+ 和液固界面在生长中所起的重要作用，即促进 Mo_2C 的外延生长和调控 Mo_2C 相变的作用。最后介绍了在前驱体溶液中加入 OH^- 对制备 Mo_2C 的影响，OH^- 的加入能够促进 Mo_2C 的生长，使 Mo_2C 的密度明显增加。

参 考 文 献

[1] Liu H, Qi G P, Tang C S, et al. Growth of large-area homogeneous monolayer transition-metal disulfides via a molten liquid intermediate process [J]. ACS Appl. Mater. Inter., 2020, 12 (11): 13174-13181.

[2] Feng S M, Tan J Y, Zhao S L, et al. Synthesis of ultrahigh-quality monolayer molybdenum disulfde through in situ defect healing with thiol molecules [J]. Small, 2020, 16 (35): 2003357.

[3] Li S S, Lin Y C, Liu X Y, et al. Wafer-scale and deterministic patterned growth of monolayer MoS_2 via vapor-liquid-solid method [J]. Nanoscale, 2019, 11 (34): 16122-16129.

[4] Li S S, Lin Y C, Zhao W, et al. Vapour-liquid-solid growth of monolayer MoS_2 nanoribbons [J]. Nat. Mater., 2018, 17 (6): 535-542.

[5] Yang P D, Yan H Q. Controlled growth of ZnO nanowires and their optical properties [J]. Adv. Funct. Mater., 2002, 12: 323-331.

[6] Arenal R, Stephan O, Cochon J L, et al. Root-growth mechanism for single-walled boron nitride nanotubes in laser vaporization technique [J]. J. Am. Chem. Soc., 2017, 129 (51): 16183-16189.

[7] Rosenfeld H Y, Popovitz B R, Grunbaum E, et al. Vapor-liquid-solid growth of $NiCl_2$ nanotubes via reactive gas laser ablation [J]. Adv. Mater., 2002, 14: 1075-1078.

[8] Yella A, Mugnaioli E, Pan M, et al. Bismuth-catalyzed growth of SnS_2 nanotubes and their stability [J]. Angew. Chem. Int. Ed., 2009, 48 (35): 6426-6430.

[9] Peng H L, Lai K J, Kong D S, et al. Aharonov-bohm interference in topological insulator nanoribbons [J]. Nat. Mate., 2010, 9 (3): 225-229.

[10] Zeng M, Fu L. Controllable fabrication of graphene and related two-dimensional materials on liquid metals via chemical vapor deposition [J]. Acc. Chem. Res., 2018, 51 (11): 2839-2847.

[11] Shi Y, Li H, Li L J, et al. Recent advances in controlled synthesis of two-dimensional transition metal dichalcogenides via vapour deposition techniques [J]. Chem. Soc. Rev., 2015, 44 (9): 2744-2756.

[12] Najmaei S, Liu Z, Zhou W, et al. Vapour phase growth and grain boundary structure of molybdenum disulphide atomic layers [J]. Nat. Mater., 2013, 12 (8): 754-759.

[13] Van A M, Huang P Y, Chenet D A, et al. Grains and grain boundaries in highly crystalline monolayer molybdenum disulphide [J]. Nat. Mater., 2013, 12 (6): 554-561.

[14] Wang S, Rong Y, Fan Y, et al. Shape evolution of monolayer MoS_2 crystals grown by chemical vapor deposition [J]. Chem. Mater., 2014, 26: 6371-6379.

[15] Kazenas E, Tsvetkov Y V, Astakhova G, et al. Thermodynamics of sodium molybdate evaporation [J]. Russian Metallurgy (Metally), 2010, 5: 389-392.

[16] Liu H, Qi G P, Tang C S, et al. Growth of large-area homogeneous monolayer transition-metal disulfides via a molten liquid intermediate process [J]. ACS Appl. Mater. Interfaces, 2020, 12 (11): 13174-13181.

[17] Zhao C B, Meng C X, Wang B, et al. Vapor-liquid-solid growth of thin and epitaxial transition metal nitride nanosheets for catalysis and energy conversion [J]. ACS Appl. Nano Mater., 2021, 4: 10735-10742.

[18] Chen T A, Chuu C P, Tseng C C, et al. Wafer-scale single-crystal hexagonal boron nitride monolayers on Cu (111) [J]. Nature, 2020, 579 (7798): 219-223.

[19] Camilli L, Sutter E, Sutter P, et al. Growth of two-dimensional materials on non-catalytic substrates: h-BN/Au (111) [J]. 2D Mater., 2014, 1: 025003.

[20] Li T, Luo W, Kitadai H, et al. Probing the domain architecture in 2D α-Mo_2C via polarized Raman spectroscopy [J]. Adv. Mater., 2019, 31 (8): 1807160.

[21] Xiao T C, York A P E, Al-Megren H, et al. Preparation and characterization of bimetallic cobalt and molybdenum carbides [J]. J. Catal., 2001, 202: 100-109.

[22] Ba K, Wang G L, Ye T, et al. Single faceted two-dimensional Mo_2C electrocatalyst for highly efficient nitrogen fixation [J]. ACS Catal., 2020, 10: 7864-7870.

[23] Sun W Y, Wang X Q, Feng J Q, et al. Controlled synthesis of 2D Mo_2C/graphene heterostructure on liquid Au substrates as enhanced electrocatalytic electrodes [J].

Nanotechnology, 2019, 30 (38): 385601.

[24] Zhu J T, Xu H, Zou G F, et al. MoS_2-OH bilayer-mediated growth of inch-sized monolayer MoS_2 on arbitrary substrates [J]. J. Am. Chem. Soc., 2019, 141 (13): 5392-5401.

[25] Zhu J T, Li W, Huang R, et al. One-pot selective epitaxial growth of large WS_2/MoS_2 lateral and vertical heterostructures [J]. J. Am. Chem. Soc., 2020, 142 (38): 16276-16284.